谨以此书献给我的妻子张丽娟和女儿李格菲，
还有那些一起走过的岁月、远去的故乡和曾眺望过的远方！

科技人才政策与科学文化

李 侠／著

Scientific and Technical Talent Policy and
Scientific Culture

科学出版社
北京

内 容 简 介

未来世界版图的划分将基于人才数量的多少和科研生态环境的优劣。作为第一资源的人才在任何时代都是稀缺的，为了保障人才的可持续供给，制定有效的人才政策成为科技管理部门的首要任务。然而，仅有政策是不够的，还需要有科学文化的支撑，以营造一个有利于科研的生态环境。

本书从多个视角剖析了国内各层级人才政策的运行现状及其存在的问题，并从基础研究、科技伦理等视角探讨了适合人才成长的科学文化生态环境建设的构想。书中有很多有趣的观点及对现实问题的深入挖掘，希望通过抛砖引玉的方式引发全社会的思考，共同关注我国科技人才政策与科学文化的建设。

本书可供各类科技管理人员、文化工作者以及相关专业研究生阅读参考。

图书在版编目（CIP）数据

科技人才政策与科学文化 / 李侠著. -- 北京：科学出版社, 2024.10.
ISBN 978-7-03-079683-7

Ⅰ. G316

中国国家版本馆 CIP 数据核字第 2024ER9549 号

责任编辑：邹 聪 / 责任校对：韩 杨
责任印制：吴兆东 / 封面设计：有道文化

科学出版社 出版
北京东黄城根北街 16 号
邮政编码：100717
http://www.sciencep.com

北京厚诚则铭印刷科技有限公司印刷
科学出版社发行 各地新华书店经销
*
2024 年 10 月第 一 版　开本：720×1000 1/16
2025 年 2 月第二次印刷　印张：11 1/2
字数：180 000
定价：98.00 元
（如有印装质量问题，我社负责调换）

目 录
CONTENTS

科技人才政策

中国应打造青少年科技人才计划优秀品牌 /3

为什么只开小花不结大果

　　——从奥赛看人才成长的短程与长程激励 /11

"90后"人才：新一轮科技发展规划重点关注人群 /15

设立中年基金：拯救可能沉淀的智力资源 /18

走出科技人才评价的困局 /22

确立科技界正当的名利整合机制 /26

人才的探照灯是时候该关注产业界了 /29

科学家如何通过知识服务社会 /33

破"四唯"如何下手 /37

如何从根本上治理学术不端？ /41

修补"世界观拼图" 破解"钱学森之问" /45

科学研究有无捷径可走

　　——"弯道超车"还是"马赫带效应" /49

科研诚信为何如此重要，却又容易失范？ /53

绩效主义下，科学界如何安放学术理想 / 57

教学与科研之间矛盾该如何化解 / 61

哈佛清北人才流向街道办："降维收割"损失了谁的利益 / 65

科技议题"破圈"有利还是有弊？ / 68

学徒制对中国的启示 / 72

扩招研究生！步子可以迈得再大一些 / 76

交叉还是深耕？研究生应尽快找准自己的学术利基市场 / 79

科学文化

世界科学中心转移背后的文化变迁 / 85

走出创新沼泽：科技"炒概念"现象及其治理 / 89

构建人工智能的伦理风险防范框架 / 97

剩余风险最小是科技伦理的长期目标 / 102

科技行稳致远需打两针伦理"疫苗" / 105

中国科技转轨信号的释放与表现 / 108

基础研究该基础到什么程度 / 114

基础研究发展是否陷入了停滞 / 117

基础研究"从 0 到 1"的三道门槛 / 121

盘点基础研究家底 谨防出现无序与内卷 / 125

激励机制与评价决定基础研究的未来 / 128

基础研究不要让应用研究再空转了 / 131

集群化：中国基础研究发展模式的转型方向 / 135

提升范式转换认知敏感 / 148

科研范式变革了,科技界怎么做 /152

学科交叉是科学发展的必然趋势 /156

诺贝尔奖是对坚持长期主义的回报 /160

科技伦理是底线还是"天花板"? /163

建设高水平科技自立自强刻不容缓 /166

后记:很多坚持最终都产生了意义 /172

科技人才政策

中国应打造青少年科技人才计划优秀品牌

目前我国的各类人才培养计划从年龄段来说，已经基本接近全覆盖。对于高端人才的培养模式已经比较成熟并制度化，评估评价体系也日趋完善，那么青少年人才的发现与培养又处于什么状况呢？换言之，青少年人才应该从什么时候开始塑造更为合适呢？为此，我们仅以我国目前在中学生群体中开展的两项"国字号"人才计划（"英才计划"与"明天小小科学家"奖励活动）为例，做简要分析，并给出相应的改革建议。

我国中学生群体的规模非常大，图1给出了2009—2018年我国初、高中生在校数量。

图1　2009—2018年我国初、高中生在校数量

资料来源：根据国家统计年鉴整理

从图 1 可以看出，初、高中生每年在校总量在 7000 万人左右。其中，高中生在校数量在 2009—2018 年维持在 2400 万人左右，根据现有学制测算，高三阶段学生的规模在 800 万人左右。

为贯彻落实《国家中长期教育改革和发展规划纲要（2010—2020 年）》有关要求，切实促进高校优质科技教育资源开发开放，建立高校与中学联合发现和培养青少年科技创新人才的有效方式，中国科学技术协会和教育部自 2013 年起，开始共同组织实施中学生科技创新后备人才培养计划。这就是"英才计划"出台的政策背景。我们收集到的资料显示，截至 2019 年底，"英才计划"已经培养了 3928 名学生，具体信息见图 2。

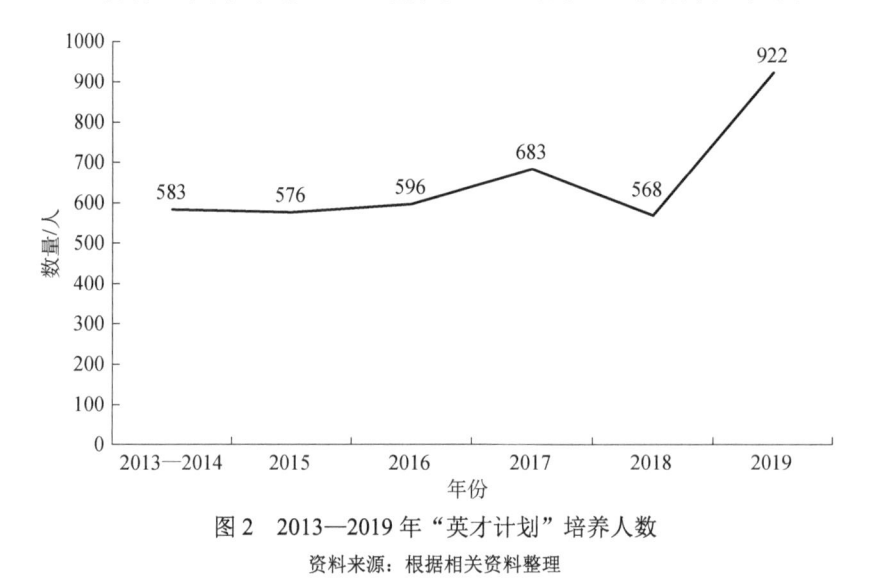

图 2　2013—2019 年"英才计划"培养人数
资料来源：根据相关资料整理

"英才计划"旨在选拔一批品学兼优、学有余力的中学生走进大学，在自然科学基础学科领域的著名科学家指导下参加科学研究、学术研讨和科研实践，力图建立高校与中学联合发现和培养青少年科技创新人才的有效模式，为青少年科技创新人才不断涌现和成长营造良好的社会氛围。目前，"英才计划"的中学生生源地基本包括所有省份，涉及的高校有 20 所，参与培养的导师近 300 人。"英才计划"实施的 7 年间，共培养了 3900 余名青少年科技人才，它的主要贡献有两点：其一，打破了中学与大学之间的认知鸿沟，对改变参与中学的学习氛围有一定的推动作用；其二，培养了一批优秀的青少年。

我们再来看一下另一项实施时间较长的针对中学生的人才计划："明天小小科学家"奖励活动。"明天小小科学家"奖励活动始于2000年，是由教育部、中国科学技术协会、周凯旋基金会共同主办的一项科技教育活动，宗旨是贯彻落实《全民科学素质行动计划纲要（2006—2010—2020年）》和《未成年人科学素质行动实施方案》，加强青少年创新意识和实践能力培养；奖励品学兼优的高中学生，选拔和培养具有科学潜质的青少年科技后备人才，鼓励他们立志投身于科学技术事业；奖励开展科技教育活动成绩突出的普通中等学校（基地、馆站）、大学和研究机构的科学实验室。该项计划实行定额奖励，即每届获奖者总数限定在100人左右，"明天小小科学家"称号获得者每届3名，一等奖、二等奖合计占总数的50%以下，提名奖占总数的60%以下。下面是2004—2019年该计划运行的数据（前三届数据缺失），见图3。

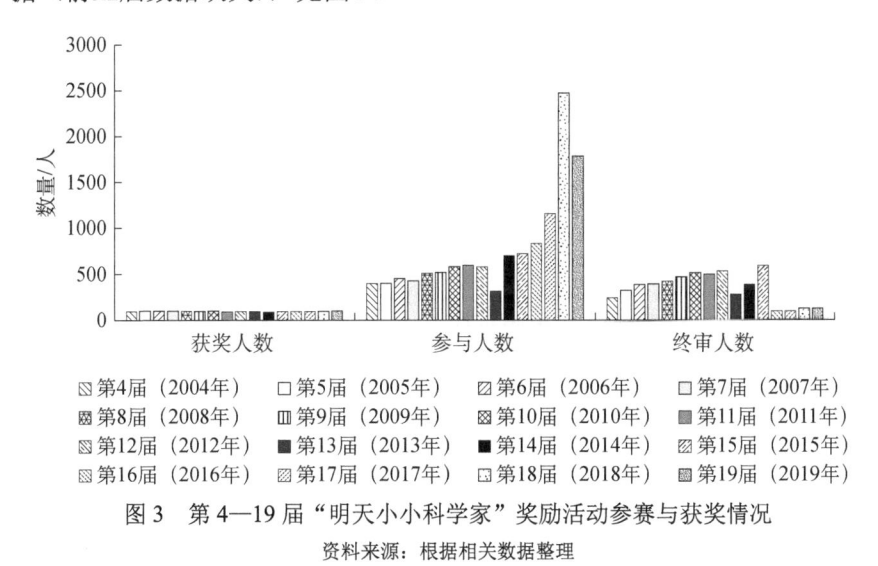

图3 第4—19届"明天小小科学家"奖励活动参赛与获奖情况
资料来源：根据相关数据整理

在"明天小小科学家"奖励活动中，它的奖项安排是这样的，"明天小小科学家"称号获得者名额是固定的，每届3人，然后是一等奖、二等奖和提名奖，一等奖的名额为 10—15 人，二等奖的名额为 30—35 人，两项合计为 40—50 人，提名奖的名额为 40—60 人。显而易见，这个计划最重要的获奖者是前两项。如果我们对该奖项的分布做些简要的社会学分析，可以发现它的地域分布具有如下特点（图 4）。

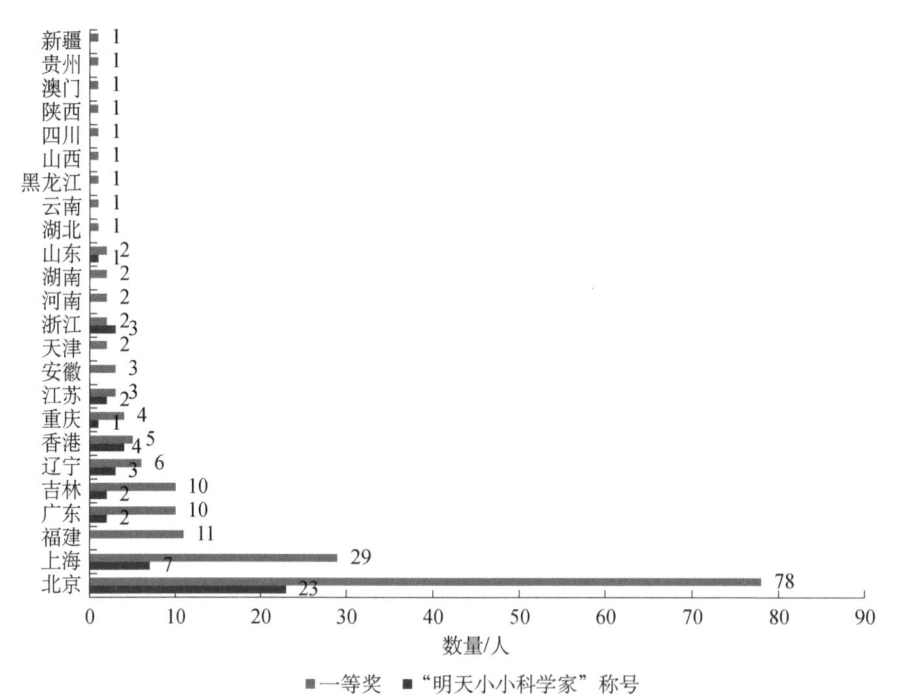

图 4　第 4—19 届"明天小小科学家"称号与一等奖获得者的区域分布

资料来源：根据相关资料整理

在第 4—19 届评选中，仅北京地区"明天小小科学家"称号获得者就占据了"半壁江山"，北京、上海两地"明天小小科学家"称号获得者占总数的 62.5%，北京、上海两地区一等奖获得者占总数的 60%，如果补上前三届的数据，这个比例可能会更高。通过这组数据，可以明显看出两个问题：其一，青少年人才的涌现量与区域经济、文化条件高度正相关，这使得该项计划的激励范围缩小，激励功能出现效率损失，这是任何人才政策都需要极力避免的现象；其二，如果青少年人才在人口数量中的占比趋于一致的话，那么这个活动所产生的结果与全国人口分布比例严重不匹配。

"英才计划"与"明天小小科学家"奖励活动的共同点在于都是从高中生开始选拔,从制度安排角度来说,这两个计划在某种程度上,填补了我国人才培养与挖掘计划,在中学特别是高中阶段的空白,应该说其重要意义是显而易见的。

但是,由于我国的青少年阶段人才培养计划起步比较晚,且运行时间较短,其中,"英才计划"的实施仅有 7 年的历史,即使起步较早的"明天小小科学家"奖励活动,距今也不过 20 年,因而其长期效果未完全显现,还需要继续观察。

为了更好地推进我国的青少年人才培养,我们不妨以美国同类计划为例,对国外此类人才培养计划的流程设计与制度安排做简要考察,以期得到某种可能的启发。

美国久负盛名的中学生人才计划是"西屋科学天才奖"(Westinghouse Science Talent Search),这一计划是由美国西屋电气公司于 1942 年设立的,该奖项的设立旨在发现具有科技创造潜力的美国青少年,促进对这些青少年的培养与教育。随着赞助商的更迭,1998 年该奖改名为"英特尔科学奖",2017 年再生元制药公司成为新的冠名赞助商,命名再次改为"再生元科学天才奖"(Regeneron Science Talent Search)。在近 80 年的时间里虽然赞助商更替了几次,但这个中学生奖项一直延续至今,其遴选程序与评选体系日趋完善,因为历史悠久,其效果与影响愈发明显。它作为美国最古老也是最负盛名的高中科学竞赛,至今已有超过 15 万名学生参加比赛,有 23 400 名学生被提名为准决赛选手,产生出 3120 名决赛选手及最终 780 名获奖者(每届首先从众多申请者中筛选出 300 名准决赛选手,再从中选出 40 名决赛选手,最后评选出 10 名获奖者)。这些获胜者不仅展现出科学才华并获得比赛奖金,而且其中很多人后来逐步成长为诺贝尔奖、菲尔兹奖、麦克阿瑟天才奖等许多奖项的有力竞争者与获得者。据不完全统计,这些参赛的中学生中后来涌现出 13 位诺贝尔奖获得者、2 位菲尔兹奖获得者、11 位美国国家科学奖获得者、18 位麦克阿瑟天才奖获得者、3 位阿尔伯特·拉斯克基础医学研究奖获得者以及 43 位美国国家科学院院士、11位美国国家工程院院士。这份成绩单足以证明该项青少年科学奖的设立是卓有成效的。

在该中学生人才计划的实施中，近年每年大约有1800篇论文提交，排位前300名的选手在1月中旬公布，每位进入半决赛的参赛选手及其所在学校将获得2000美元的奖励。1月下旬会公布40位入围决赛的选手。3月他们会集结于首都华盛顿特区，最终选出10名获奖者。第一名会获得250 000美元，第二名175 000美元、第三名150 000美元、第四名100 000美元、第五名90 000美元、第六名80 000美元、第七名70 000美元、第八名60 000美元、第九名50 000美元、第十名40 000美元，其余入围决赛的选手会获得25 000美元的奖励。

从竞赛内容来看，该项比赛不仅涉及数学、化学、物理学、生物学等基础研究领域，也涉及计算机科学、生物工程、医药健康、基因组学、环境科学、材料科学、地球科学、行为与社会科学等应用科学领域。该项目对全美就读中学最后一年（相当于中国高三）的学生开放，那些在家学习，能提供相关课程学习证明并且有推荐人推荐的学生，也可以参加。同时，居住在国外的美国公民也可以申请。参赛者需要在网上提交申请。申请材料包括论文题目、研究项目的题目、最多20页的原创科学论文、推荐信、成绩单等。入围决赛的选手，除了要在基础学习、原创性以及科研创新等方面有突出的表现，领导能力、合作能力等也是考核因素。进入决赛的选手将接受由知名科学家、学者组成的委员会的评审。正是由于这套成熟的、严格的选拔流程，美国"西屋科学天才奖"的信誉与效果都表现优异。

"他山之石，可以攻玉。"对美国"西屋科学天才奖"的简要考察，不是为了考察而考察，而是为了从中得到某种借鉴与启发，进一步提升我国青少年科技人才计划的实施效果。

在我国的以中学生为对象的"英才计划"与"明天小小科学家"奖励活动中，"英才计划"主要是针对那些学有余力的高一、高二学生，计划的初衷在于及早发现那些真正喜欢自然科学的青少年。这在选择范围上，与美国"西屋科学天才奖"是不同的。因为,后者主要针对在美国中学就读的最后一年的学生,即相当于我国的高三学生。

与美国"西屋科学天才奖"接近的,是我国的"明天小小科学家"奖励活动。二者的相似之处主要体现在以下几个方面:其一,从参赛选手角度来看,"明天小小科学家"奖励活动针对的是应届高中毕业生,与美国"西屋科学天才奖"的申请边界设置一致。其二,从奖励金额上看,"明天小小科学家"称号获得者的个人奖金是5万元(学校也获得5万元),一等奖的个人奖金是2万元(学校也获得2万元),二等奖的个人奖金是1万元(学校也获得1万元),三等奖的个人奖金是5000元,这也与美国的"西屋科学天才奖"类似。但从实施效果方面看,美国的"西屋科学天才奖"成绩斐然。相对而言,"明天小小科学家"奖励活动的效果还没有充分体现出来。如果从"明天小小科学家"奖励活动的第一届算起,距今已经有20年了,最初几届参加该计划并取得较好成绩的高中毕业生,到今天已经接近38岁。一般地,这个年龄段在科学界应该已经崭露头角或有不俗的学术表现。不过,遗憾的是,我们目前还缺乏相关的跟踪数据。

从形式方面看,美国的"西屋科学天才奖"网站设计得引人注目,人们可以从中查到历届获奖者名单等资料;遗憾的是我国的这两项人才计划之奖项的相关数据与资料很难找到,仅从传播学角度而言还存在较大差距。

当代科学的学科分化日益深入,分工也越发精细,创新的基准线随时代的发展日益提升,它对于创新者的知识储备要求越来越高。一般地,由于在高中阶段,学生主要是打基础,培养爱好,因而,高中生的知识储备有限,处于该阶段的学生很难做出真正的重大科学创新。就此而言,我国的主要针对高一、高二学生的"英才计划",可能较难实现其预期目的。因为,高一、高二学生往往只有十六七岁,不仅其世界观尚未完全形成,而且其未来偏好的发展领域也充满不确定性,这就可能会使该计划的实施效果难以评价。同时,这一计划从高一、高二学生中选拔人才,其实施难免会影响中学的正常教学秩序。与"英才计划"相比,"明天小小科学家"奖励活动主要针对高中毕业年级学生，其实施对正常教学秩序的影响可能较小。但是，不论是"英才计划"还是"明天小小科学家"奖励活动，其社会影响力都比较微弱。因为在我国很多人不知道甚至从来没有听说过针对青少年培养、选拔的这两项人才计划，这种情形直接削弱了青少年科技人才计划的激励功能。

为进一步提升青少年科技人才计划的激励功能，培养、选拔更多的青少年科技人才，我们建议：宜将"英才计划"与"明天小小科学家"奖励活动合并；合并后的青少年科技人才计划宜以应届高中毕业生作为潜在选拔群体；宜改进与完善遴选程序与评选体系；宜扩大选拔规模；宜提高奖励金额；宜与高考脱钩。我们认为，这样做的主要好处有三点：其一，可通过减少青少年人才计划的种类，加大青少年人才计划宣传力度，大幅提升青少年人才计划的社会影响力；其二，可对标国外成熟的青少年人才计划，借鉴其成功做法，打造我国的"国字号"金牌青少年人才计划品牌；其三，可彻底实现从青少年、青年、中年到老年的人才培养链条全覆盖，稳步提升我国人才库存基数，特别是有效提升青少年人才库存基数，促进人才资源的可持续发展。

（原文发表于《洛阳师范学院学报》2021年第1期；
作者：李侠、霍佳鑫）

为什么只开小花不结大果
——从奥赛看人才成长的短程与长程激励

近日,第 63 届国际数学奥林匹克竞赛(简称奥赛)成绩公布。中国队再次获得团体总分第一,6 位参赛选手全部获得满分,这是中国队第 23 次获得世界第一。

热闹过后,我们需要考虑两个问题:第一,中国拥有如此众多的聪明孩子,不仅仅是在数学学科,还包括其他领域,但他们后来的职业发展又是怎样的?第二,具有共性的话题是,如何从数学大国跃升为数学强国?从历届数学奥赛成绩与我国数学在国际上的整体表现之间呈现的差距,让人深刻认识到这种不对称性断裂,那么问题到底出在哪儿?

为了从宏观层面展现中国数学奥赛团队取得的辉煌成绩,笔者做了一个简单的统计,自 1985 年中国首次参加奥赛以来,共获得了 23 次总分第一,在世界各国的排名中遥遥领先。这 30 余年间,我国参赛选手共获得 174 枚金牌,平均单次参赛可获金牌数为 4.7 枚,这些数据都是世界第一。

这可以说明两个问题:第一,中国的基础数学人才很强大;第二,中国有数学天分的学生很多。

由于参加奥赛的都是中学生,我们不妨假定这些参赛者都为应届高中毕业生,按照中国的激励模式,这些获奖者大多被国内重点大学提前录取,由此走上职业化的数学道路。这些通过层层选拔、一路过关斩将的优胜者，随后又接受了极其优秀的职业化学术训练，应该在未来取得可喜的数学成绩。

但遗憾的是，这个预期结果并没有出现。

众所周知，数学界有两个著名的国际大奖：菲尔兹奖（1936年设立，每四年颁奖一次）和沃尔夫数学奖（1976年设立，1978年开始颁奖），可以作为我们衡量杰出数学人才获得国际承认的指标，前者规定获奖者必须未满40周岁。

我国从20世纪80年代后期开始参加国际数学奥赛，涌现出的众多金牌选手并没能脱颖而出，即便按照菲尔兹奖设定的40周岁年龄限制，那么从获奥赛金牌的18岁到40岁仍有22年时间。在学术产出峰值的这22年间，这些天之骄子是如何从精英走向平庸的？又是什么因素影响了他们展翅高飞？

在笔者看来，造成这种只开小花不结大果现象的原因有很多，关键在于我们的激励机制出现了问题——只注重短程激励而缺乏有效的长程激励。

短程激励之所以被热捧，是因为它的结果符合绩效主义原则，对于政策制定者与参与者而言，政策后果都是明确与可见的，从而在双方之间实现了共鸣：对于政策制定者而言，一旦学生获得金牌，将给整个学校带来巨大的声誉收益，进而影响学校未来的升级、招生与宣传，符合政绩考核要求；对于参与者而言，一旦获得金牌就获得了进入名牌大学的"通行证"。

由于激励靶标明确可及，从而在政策制定者与参与者之间形成共识：政策制定者为参与者提供巨大的社会支持，参与者为可见的收益全力以赴。这个流程从一试、二试再到全国集训都是如此，短程激励路径简短、清晰而明确，众志成城，这也说明了为什么我国中学生参加奥赛的热情如此之高、成绩如此辉煌。其实这是多方合力的结果。

如果说短程激励是基于短链的功利主义理念来设计政策靶标的话，那么长程激励的激励链条则是长链的，不仅具有短期的考量，更侧重于对个人爱好与理想的持续支持与尊重。

问题是长程激励的目标是无法量化的,而且收益在短期内是不可见的。这就导致政策制定者与参与者对于不确定性后果产生严重的风险厌恶,使个体的爱好与理想让位于实实在在可见的政策标的。

其实,正确地做事与做正确的事是两件完全不同的事情。学术上的长期价值主义恰恰需要长程激励机制。建设长程激励机制需要解决三个问题。

首先,政策的激励靶标设计要多元化,防止出现单一的短程指标。要给每一种学术偏好和理想以现实的存在空间,换言之,喜欢功利主义选项的人在这套激励政策下可以安身立命,同时那些喜欢理想主义选项的人也可以安然地生活。每一种为生活付出的真诚努力都值得尊重。

笔者不久前看到一个视频,介绍的是北京大学青年数学家韦东奕的生活,那份朴素和热爱令人心生敬意,油然而生的想法就是——不要干扰他,让他生活在自己的数学世界里。忽然想到孔子对颜回的赞赏,"一箪食,一瓢饮,在陋巷,人不堪其忧,回也不改其乐"。

其次,基于折现原理,从短程激励到长程激励需要设计收益的补偿原则。即短期激励靶标的收益小,而长程激励靶标的收益高。这也是打破短程激励与长程激励之间不对称性断裂的关键举措,通过对激励收益的计算,自发调节人们从事科研的偏好选择。

再次,设立人才培养特区。在资源有限的情况下,为了保证一种新型的长程激励机制能够在竞争中不被短程激励机制所吞没,必须设立人才培养特区,只有这样才能让一种新型的激励机制在特区中逐渐完善并茁壮成长。其实,这种努力也是建立多元激励机制必须付出的代价,否则新生的激励模式很难生存。

长程激励的宗旨在于在科技界培养一种耐心与执着,树立一种学术理想主义与英雄主义,不惜用长时间去挑战难题、大问题,甚至冒着此生失败的风险也要为人类的认知进步努力推进一点点。微观上个体的孤勇式坚持,在宏观上就是众人协力夯实科学基础,为科学界整体提供坚实的知识储备。今天的中国已经发展到这一阶段了，以往的短程激励模式已经无法带领中国在世界知识生产市场中实现知识迭代的整体跃升。

回到本文主题，我们不妨看看菲尔兹奖与沃尔夫数学奖的获奖者的国籍分布，看看那些数学强国的激励机制与我们有何不同，从中不难明白改变激励模式在当下中国所具有的重要意义。

（原文发表于《中国科学报》2022 年 7 月 26 日第 1 版；

作者：李侠、谷昭逸）

"90后"人才：新一轮科技发展规划重点关注人群

2019年4月15日，科技部社会发展科技司组织召开了2021—2035年国家中长期科技发展规划战略研究社会发展板块启动会，这意味着国家筹备制定《国家中长期科学和技术发展规划（2021—2035）》正式启动。这份规划相当于我国未来很长一段时间内科技发展的路线图和路标，其重要性可想而知。众所周知，创新驱动发展战略能否实现，关键在于未来的人才储备与激励机制是否充足与科学合理，尤其是"90后"人才，需要重点关注。

关注"90后"人才创造力的峰值特征，提早进行人才"深加工"

人才的创造力具有峰值年龄的特征，如果要实现中长期发展规划的目标，就需要通过政策安排，保证在那段时期内处于峰值年龄的骨干人才能够脱颖而出并发挥出最大效用。

据我们前期的研究，理工科人才的峰值年龄是38岁左右，人文社科类人才的峰值年龄是45岁。基于人才创造力峰值年龄，按照现在的学制计算，从6岁入小学到大学毕业共16年，加上硕士研究生学制3年，博士研究生学制3年，毕业时已28岁；但要真正进入科研领域，很多还需要一个历练/见习期，一般为两年博士后。那么，一个人从小学到博士后出站，年龄已达30岁。

即便所有学科都按照人文社科的峰值年龄 45 岁计算，一个人从 30 岁开始独立从事科研到峰值年龄之间也就 10—15 年的高创造力时间。如此可知培养人才是非常缓慢的事业，必须从政策层面及早安排。

从学术生命周期研究还可以看出，培养一批合格的、成熟的科技人员，其难度已经超出个人家庭所能承担的范围，必须由国家出面打通人才培养的"最后一公里"。

如果将 30 岁作为真正进入科研领域的起始年龄，那么第一批"90后"已经 30 岁了，他们到 2035 年，正处学术快速发展时期，作为长期人才规划就应该把政策目光聚焦在这批人身上，这批人的数量有多少呢？

仅就最近的 2018 年而言，当年博士毕业生的数量为 6 万多人，未来 15 年正是他们学术绽放的时期，要实现这个目标，就需要从现在开始，通过政策安排来定向扶持，否则完全顺其自然的结果未必理想，人才也是需要"深加工"。

人才在古今中外都很稀缺，由于人才的投资回收期漫长，"90 后"人群到 2035 年恰好处于科研发展的峰值年龄区间，更需有意识地关注。

科技发展必须保持连续性。"90 后"刚刚开始在科技领域崭露头角，在 2020—2025 年这段时期内，应以"70 后""80 后"为科技的主导力量，而"90 后"作为辅助力量，此时政策应该对"70 后""80 后"多加扶持；同理，在 2025—2030 区间段，"80 后"与"90 后"成为科技的主导力量，而"70 后"则成为辅助力量；2030—2035 区间段，"90 后"逐渐成为科技的主导力量。这个区间分布仅是基于创造力而言的。如果考虑人的能力由综合因素构成，创造力仅是其中的一项构成要素（有些能力如经验能力则随着年岁的增长是增加的），那么，个体科研生命周期的持续时间平均要往后移动 5 年左右。

关注不同时代人才发展偏好，实现精准激励

纵观世界各国的人才发展模式，可以清晰看出，要形成人才辈出的局面需要三个条件：首先，要有数量足够大的基础人才池。目前我国每年招收大学生人数 900 万左右，在校生规模已接近 3000 万，这个基础人才池的规模已经足够大；其次，政策定向扶持与精准激励机制的确立；最后，投资人力的社会综合收益率高于其他行业的平均收益率。

考虑人才扶持政策，首先要考虑任何一个特定时期内资源都是有限的，那么如何使有限的资源实现效用最大化？由于科技界产出的特殊性，这就需要基于人才的创造力区间对人才进行精准划分，而且人才的阶梯状资助模式符合帕累托最优模式。

对科技人员实现精准激励历来是一个世界性难题。领英（Linked In）发布的《2016 年人才趋势报告》显示，中国人才换工作时最看重的几个因素依次是：晋升机会（50%）、工作的挑战性（43%）、薪酬福利（33%）、与同事的关系（17%）。另《百度 90 后洞察报告》显示，"90 后"就业观是追求理想的现实主义者，听从内心，兴趣至上。他们工作选择偏好位列前三项的是：个人兴趣、发展空间与薪资水平。

任何人的偏好都是由三类偏好的复合结构组成的，即：功能性元素、社会认同与自我实现，只是各类偏好在不同个体的偏好集合中的权重不同而已。不同年龄段人群的基础偏好是不同的：60—70 年代出生的人，其基础偏好是功能性元素，这与其童年时期的物质匮乏有关；70—80 年代的人则开始把社会认同作为基础偏好；80—90 年代的人则把社会认同向自我实现的跨越作为基础偏好。

群体的这种偏好差别，就意味相同的激励机制对不同群体的激励效果是不一样的。所谓的精准激励就是针对特定群体的基础偏好所设置的激励措施。对于"90 后"而言，他们的基础偏好是从社会认同向自我实现的跨越，那么激励机制的设计，首先要满足个体获得社会认同的路径；其次，为了个体的自我实现，需要为个体创造自由、灵活且具有挑战性的工作氛围。

（原文发表于《文汇报》2020 年 3 月 27 日第 8 版；

作者：李侠、鲁世林）

设立中年基金：拯救可能沉淀的智力资源

网上看到一则消息：2019年7月28日，在第13届FIRST青年电影展闭幕式上，某女演员讲述了中国的中年女演员面临的职业困境。她说："我们到了中年更加懂电影，更加爱电影，但市场给中年女演员的机会太少。"她呼吁："希望大家给我们更多的机会！"在好奇心驱使下，笔者上网查了一下，该女演员今年才刚刚42岁，正值事业成熟期，可惜连她都感觉被职场放逐了，可见各行各业的中年人被沉淀的情况有多之严重。坦率地说，该女演员无意间说出了一个人才资源管理中普遍存在的问题：如何盘活那些中年人。

中年科研人员仍有巨大潜力待挖掘

如果说演艺界是"吃青春饭的"尚可理解，那么科技界这种人力资源浪费现象就更为严重。按照当下的教育体制，一般科研人员大体要经历22年的学习生涯（12年中、小学加上10年的本、硕、博）才有可能进入这个领域，如果从8岁入学算起，那么到他进入科研领域大多已经接近30岁。

目前的人才政策在资助体系的设定上存在三档：①优秀青年科学基金（优青）项目规定。男不超过38岁，女不超过40岁；②国家杰出青年科学基金（杰青）项目规定年龄上限是45岁；③长江学者的年龄上限是55岁。至此我们可以看到在人才资助的链条上存在空档，即55—60岁。如果考虑到长江学者资助的数量非常少，可以初步看作45—60岁这个年龄段的人才比较缺乏人才政策的支持。客观地说，这个年龄段的人才虽然不处于创造力的鼎盛时期，但智力衰减有限，而且经验积累非常丰富。从人生发展角度来说，这个阶段的人才，人生中的很多纠结问题都已经解决，对自己的未来有更加清晰的定位，少了年轻时的浮躁与冲动，此时更容易集中精力专心致志从事某项工作。从这个意义上说，这段时期正是一个人做科研的大好时期。不论以什么名义，弃而不用都是智力浪费。

笔者根据国家统计局的相关数字做了一个简单测算：基于2010年第六次全国人口普查数据显示，45—59岁年龄段人数占总人口比例为20%；根据2017年人口抽样调查数据显示，45—59岁年龄段人数占总人口的比例为23%，短短8年时间，这个年龄段的人口增加速度较快。这些年龄的科研人员，如果没有政策工具引导，更多的可能性是变成沉没资本。

最新数据显示，2015年中国人口的中位数年龄为38岁，据预测到2030年，中国中位数年龄是45岁，那时的美国只有40岁。随着中国整体老龄化速度的加快，即便按照23%的比例外推，当下这个年龄段的人口高达3.2亿人（2018年末全国人口13.95亿人）。回到科技界，根据中国科技指标数据库信息显示，2017年我国研究与试验发展（R&D）人员总量达到621.4万人，折合全时工作量人员为403.4万人年，同样按照23%的年龄比例外推，这个年龄段（45—59岁）的R&D人员总量约143万人，折合全时工作量科研人员总数达到约93万人。合理延长科研人员的"科研寿命"，就相当于间接增加科技资源的投入。

由于中国的科技体量巨大，通过政策变革很容易形成规模效应。从这个意义上说，如何充分利用这批智力资源，对于中国未来的发展是一个亟须解决的大问题。

加大对中年科研人员的资助力度

解决问题的关键在于重新审视人才政策制定的理论依据是否可靠。目前各类人才计划制定以及用人单位在招聘人才时，都强调人才年龄的三个节点：38岁、45岁与50岁。不知其依据来自哪里。反观笔者自己20年前的工作，或许会负有一些潜在责任。笔者20年前曾依据科学史上的大科学家们做出重要成果时的年龄提出科学家的峰值年龄为38岁，人文社科类学者由于研究对象的复杂性，峰值年龄可以延后到45岁，后来也多次在不同场合和文章中提到过这组数据。如今想来，那时的结论有些粗糙，对问题的认识还不够深入。

一个人的能力是由多方面要素构成的，即便某一要素占比下降了，而另一要素占比增加了，这些都会冲抵年龄带来的能力结构的变化。从这个意义上说，科学是一项复杂的事业，它需要多种复杂能力的协同攻关：有些时候它需要创造力为主，而有些时候它需要经验要素为主等等。从这个意义上说，对于科学与人才都需要更为深入的研究与精细化的划分，从而达到使人的能力结构与知识生产的内在机制相匹配。否则的话，我们早年的研究结论就会沦为僵化的教条。在科学发展的不同阶段，需要拥有不同能力要素的人，而能力要素的转变是与年龄密切相关的。

针对中年人才整体感觉被社会边缘化的现状，具体的解决措施就是设立一项国家中年科研基金，作为一种政策工具和信号释放机制，可以最大限度地激发大约150万中年段（45—59岁）科技人才的潜力。这种政策安排要设计两种约束条件：其一，中年科研基金以中小额为主。当下的重大项目在结构设计上存在一些缺陷，再加上被捆绑一些功利主义目标的负担，往往很难做出重要成果。其二，从技术层面上讲，中年科研基金的设计是单选题，要避免赢者通吃的局面。要么选择申报中年科研基金，要么申报其他竞争性项目，只能二选一。这对于评审任务日益繁重与成本高涨的各类竞争性基金来说，可以起到很好的人员分流作用。也许更为重要的是它有助于使科技界逐渐安静下来，踏踏实实地做出一些高质量的工作。

中年科研基金可以分为三大类：大文科、大理科与大工科，尽量把所有学科都包括进来。对应的每个项目的投入分别为：10万元/项、20万元/项与 30 万元/项，每个门类设置 2000 个项目，合计 6000 个项目，这个规模可以有效调动被社会边缘化的 150 万中年科研人员。也许，这可以成为当下切入中国科技体制改革的最佳"阿基米德点"。

（原文发表于《中国青年报》2019 年 9 月 2 日第 2 版；

作者：李侠）

走出科技人才评价的困局

当下科技界常用的两个人才评价标准为：其一，产出高端，即发在顶级期刊（如 CNS，《细胞》《自然》《科学》三种期刊的简称）与高影响因子（IF）期刊上；其二，学术出身具有耀眼光环。现在，各类科研机构与个人对顶刊和高 IF 期刊都是趋之若鹜。

众所周知，顶刊与高 IF 期刊并不能保证成果一定是最重要的，这类案例在科学史上比比皆是。比如，孟德尔（1822—1884）把多年基于豌豆杂交实验所得出的遗传定律发表在不知名的修道院的会刊上，按照今天的观点看，孟德尔所发表的刊物，既没有名气，影响因子也低，但是没有人否认孟德尔工作的重要意义。再比如，大家都熟悉的爱因斯坦 1905 年发表相对论的那家德国期刊——《物理学年鉴》，它的影响因子在当下也就 3.2 左右，但没有人否认爱因斯坦狭义相对论对科学里程碑式的贡献。再拿最近几年诺贝尔奖获得者的事例同样可以证明这个道理，如 2008 年获得诺贝尔化学奖的下村修，其几篇重要论文发表的刊物名头都不是很大，影响因子也都不高，但这些成果同样是划时代的；2015 年诺贝尔生理学或医学奖获得者屠呦呦教授的成果发表在《科学通报》上，同样在当时也是"双非刊物"，不需要举更多的事例了。顶刊与一般刊物，高 IF 期刊与低 IF 期刊都不会影响成果本身的价值与意义，期刊的本质就是知识传播的载体，所不同的只是传播的效率而已，而影响因子是可以操控的。从这个意义上说，过度迷恋顶刊与高 IF 期刊其实并没有多少过硬的事实依据，只是一种长期以来形成的群体认知习惯而已。学过科学社会学的人都知道，科学界为了获得优先权，往往会率先发表成果。此时刊物的重要性将成为次要的考虑,而发表速度则成为第一考量因素。遗憾的是,几乎所有人都意识到了这套评价体系有问题,但是在没有发现更好的替代方案之前,老办法仍然会为人们提供一种确定性,仍将长期存在。

  为了破解这个难题,需要梳理清楚这套体系是如何产生的。根据我们的研究,近代工业革命以来,人才评价从粗到细大体经历了两个阶段:首先是对于学术出身的崇拜。造成这种情况的原因是:工业革命以降,随着机器大工业的出现,社会上出现对于人才的迫切需求,而当时的企业主并没有能力去鉴别人才,个体去鉴别人才也是极度不经济的行为,此时整个社会为了降低人才的鉴别成本,就通过对某些培养人才表现优异单位的承认,从而认可那个单位培养的某方面人才是合格的,这样一来就省去私人鉴别人才的成本,这对于快速发展的社会而言是符合经济原则的。一旦获得社会认可,又会反向倒逼培养单位加强相关人才的培养与管理,从而在整个社会形成一种双赢的正反馈机制。这个模式极大地促进了资本主义社会的兴起与发展。时至今日,这个模式仍然是很多用人单位喜欢采用的简便易行的鉴别人才模式。其次,到了 20 世纪 60 年代,经历了三次工业革命,整个社会的分工日益精细化,这时依靠原有的出身模式来鉴别人才,已经不能很好地满足快速发展的科技样态与工业分工日益精细化的需求,这时评价人才的模式实现了第二次范式转型,即通过把成果与顶级期刊及高 IF 捆绑起来的模式来鉴别人才。今天普遍采用的科学引文索引(SCI,包括顶刊)以及 IF 都与美国科学计量学家尤金·加菲尔德(1925—2017)的工作有关,他 1963 年在科技界先后引入 SCI、社会科学引文索引(SSCI)、艺术人文引文索引(A&HCI),以及科技界人士普遍采用的 H 指数等指标,以此来鉴别人才。半个世纪后,这套系统几乎主宰了全世界的科技人才评价,虽然大家都知道这个评价体系存在很多问题,但是它简便易行,仅仅通过论文表现就可以对人才做出快速评估,由于用论文设立起来的评价之"无知之幕"最大限度排除了外界的干扰因素,导致评价结果看起来比较客观,这也是它受到全世界追捧的根源所在。但评价手段的过度简单化必然带来结果的不准确,也许这就是人类必须为简单化付出的代价。

对于整个社会而言，科技界是一个非常陌生的领域，人们并不知道如何评价科研成果，他们相信科技界是公正、聪慧的，因此，接受他们的评价方法是尊重科学的表现。公众从最初的被动接受演变为无反思的认可，这种转变意义重大。因此，这套评价模式之所以能大行其道，除了科技界的大力推行之外，还与整个社会的接受与认同使这套评价模式获得合法性有关，从这个意义上说，对顶刊与高 IF 期刊的推崇是科技界与整个社会全力促成的结果。遗憾的是，这种局面一旦形成，若想放弃，就不是任何单独一方所能完全掌控的了，由此科技界被迫陷入路径锁定现象。

人才鉴别之所以难，是因为在用人单位（雇主）和人才之间存在巨大的信息不对称现象。雇主不知道人才的真实情况，对发表记录与影响因子的检查可以静态地消除掉一些缺失信息，这也是雇主迷恋顶刊与高 IF 期刊的内在缘由之一。另外，对于学术能力的评价，由于缺乏具有普适性的判决性实验（即通过一个事例就能充分判断出某人能力的实验），发达国家通过采用长聘机制，利用较为充裕的时间去发现人才的能力，合格者给予终身教职，这种方式可以较好地避免顶刊与高 IF 期刊对于评判所造成的"短期噪声"影响，使研究人员能够相对安心地投身科研。由于中国科技起步较晚，在人才评价方面存在先天的经验储备不足现象，在追赶与赶超的政策驱动下，目前我们流行的模式是把人才=学术出身+学术能力（顶刊与高 IF 期刊），两者捆绑在一起，这种模式看起来很完美，但是其内在运行机制完全不同，导致科技人员必须去追求热点与短平快的研究，这种模式无法培养科研人员的长期耐心与钻研精神，否则会被短时（甚至瞬时）的评价体制淘汰掉。

反观这些年来，我国科研论文产量长期高居世界第二（从 2008 年开始），但真正具有原创性的研究极少，整体创新能力也未见快速提升[2018 年全球创新指数（GII）排名中位列 17 名，第一次进入前 20 名]，这可以看作长期缺乏自己的问题域，以及盲目跟风与追热点的必然结果。

解决的出路在于，把学术能力所针对的研究对象拆分成两类：原始基础性研究与应用研究，对于从事原始基础性研究的个人与单位仍然允许他们追求顶刊与高 IF 期刊；对于那些从事应用研究的个体与机构则让他们以解决实际问题为主，不以论文和影响因子作为考评指标，这种分流会在一定程度上遏制这种追刊现象。当下出现的一种可喜的变化是，整个社会开始不满意科技界长期的"空对空"类研究，开始追求身边问题的解决，这对于破解人才评价的困境给出了很有利的改革窗口期。这几年倡导的方向是：把论文写在祖国的大地上，这可以看作第二种分流模式的一种体现。即便做基础研究，笔者也希望优先安排的不是那种跟风研究，而是基于现实国情从身边问题出发，即从"由应用引发的基础研究"处切入，比如近期中国遭遇了严重的非洲猪瘟疫情，那么针对这个问题的研究就是典型的由应用引发的基础研究，这种研究成果既可以发到顶刊，又实实在在地为国家解决了遭遇的难题，同时也为人类知识宝库增加了新知识。

（原文发表于《学习时报》2019 年 10 月 2 日第 6 版；

作者：李侠）

确立科技界正当的名利整合机制

在人民大会堂举行的 2018 年度国家科学技术奖励大会，最受公众关注的消息莫过于：国家最高科学技术奖奖金额度由 500 万元/人调整为 800 万元/人，奖金将全部授予获奖者个人，由个人支配。这是国家最高科学技术奖设立 19 年来奖金额度及结构首次调整，同时，国家科学技术奖三大奖奖金额度也同步提高了 50%。

笔者认为，此次国家科学技术奖励大会的深远影响在于，既潜在地为名利正名，又达到了给激励机制松绑的目的。这种变化对形塑中国科技界的认知模式与行为选择，有着不可估量的意义。

最高科学技术奖奖金 800 万元高不高

根据对历届获最高科学技术奖科学家相关数据的分析可以发现，过去 19 年（2000—2018 年）共有 31 人获得最高奖，平均年龄 82.6 岁，假设这些科学家在其职业生涯的鼎盛时期开始为科学事业和国家奋斗 40 年，即便按照 800 万元计算，平均下来也只有 20 万元/年，从对国家贡献的角度来讲，把这个奖励数额翻一番都是应该的。我们以为，此次支配结构的改革比数量的改革，意义更为深远。

按照法国社会学家布尔迪厄的说法：在科技界运行的主流资本模式是学术资本（文化资本），而学术资本积累到一定程度以后，就会以成名的形式呈现，拥有这些学术资本的人，以所拥有的资本存量在学术市场中换取收益，这就是学术界获得名和利的主要途径。因此，在科技界的正常发展模式是：一个人要经历多年努力工作积攒学术资本，做出创新性成果，获得学术界的承认，从而获得名誉，并在社会分层中实现位置上升，然后以此获得收益。

在生活中，不论哪个领域，所有人的生活都需要经济来维持，为什么有些领域可以名正言顺地追求利益，而有些领域则被禁止甚至只鼓励其从业者安贫乐道呢？如果正常地追求名利的机制被污名化，人们自然会通过其他方式来实现这些原本正常的追求。

国家最高科学技术奖是对一个科学家过去成就的一种最高规格的承认，它设立的初衷是一种导向性功能，以此表明国家对于科技和人才的重视；其次，也是国家对科学家多年为国服务的一种合理补偿。

如果说国家最高科学技术奖是名，那么 800 万元奖金是利。这些获奖者所拥有的名都是经过多年学术资本积累得来的，因此是名正言顺的。这届奖励大会的重大进步，在于通过一个案例的方式，确立了科技界正当的名利整合机制，在实施创新驱动发展战略的当下，这个观念转变将极大地激发中国科技界的创新热情以及塑造中国社会对于科技的全新认知模式。

激活科技界的激励机制

最能体现中国科技界整体水平的是自然科学奖与技术发明奖，整理近 20 年的两大奖项的相关数据可以看出，这些年我国 R&D 投入的规模已经占到 GDP 的 2.13%（2017 年），科技人才总量更是接近 1 亿，人、财、物的体量都已经达到空前规模，但产出并没有实现预期的目标。造成这种情况的原因很多，但僵化的激励机制没有发挥应有的作用，是其中不可忽视的一个因素。

我国一代代有理想、有担当的科技工作者，像传递接力棒一般无私地奉献，推动着中国社会发展的进步。与此同时，国家最大限度地激活科技界激励机制的功能，这不仅是社会高度分工的必然结果，更体现了设立国家最高科学技术奖尊重劳动、尊重知识、尊重人才、尊重创造的初衷。

只有科学家真正受尊重，中国的科技创新才有活力和源泉。要让科学家们获得的回报与他们做出的贡献相匹配，让科研人员既有"面子"又有"里子"，让有贡献的科技人员做到名利双收。一个知识可以创造价值、价值的创造者们可以得到合理回报的时代，终于到来了。

（原文发表于《中国青年报》2019年1月21日第2版；

作者：李侠、韩联郡）

人才的探照灯是时候该关注产业界了

近日，沈阳市针对高技能人才不仅出台了购房补贴和生活补贴政策，还专门开发了申领生活补贴的系统。那些拥有中高级职称的技师们可以获得与硕士、博士直接比肩的房补，这则消息迅速火遍网络。

联想到前不久中共中央办公厅、国务院办公厅联合出台的《关于加强新时代高技能人才队伍建设的意见》，产业界的人才问题终于得到政策的强力支持。把这两则信息联合起来研读，不难发现，中国人才政策开始下移的信号非常明显，这对于未来中国全链条人才政策的构建意义深远。

目前国内职业技能鉴定分为 5 个层级，分别是初级工、中级工、高级工、技师与高级技师，而技师与高级技师就是产业界的高级职称了。

《中国劳动统计年鉴》（2021）的数据显示，2020 年全国获批技师人数为 134 474 人，占本年度获取职业证书人数的 1.55%；获批高级技师的人数为 60 048 人，占本年度获取职业证书人数的 0.69%。从这组数据中可以清晰地看到，在产业界要获取技师和高级技师称号，竞争还是很激烈的，这些人称得上是产业界的精英。

从这个意义上说，沈阳等地的做法只不过真实反映了产业界人才的价值而已。之所以引发全社会热议，是因为这一人才群体的价值长期没有得到应有的承认，人们希望这次不是昙花一现，而是一种常态化做法。

就知识生产、研发、转化与应用全链条分工而言，科技界负责知识生产、研发，设计界负责知识转化，产业界负责知识的具体物化应用。理论上说，这套分工体系加速了知识生产与流通，其本质要求各个阶段在结构上相互匹配衔接，一旦结构不合理，就会造成知识生产与流通出现堵塞，降低知识转化效率，从而影响整个社会的进步。

遗憾的是，长期以来，我们侧重于知识链条的前端，即知识生产环节，对这部分从业者的人才认定体系比较完善。相反，对于知识链条下游的产业界人才的关注则严重不足，知识流转结构严重不合理，导致知识传递不通畅。

这方面一个典型表现就是，很多问题在科技界早已不是问题，但在产业界却是极大的问题，而产业界的现实关切也得不到知识链条上游的重视，一旦产业界的真正问题暴露出来，科技界由于缺少相应积累也无力解决。毕竟基于分工的知识链条的各环节都有自己的考核标准，这就出现了科技-产业"两张皮"现象。这也就是我国喊了很多年的产业转型升级"只听楼梯响，不见人下来"现象产生的背后原因。

长期以来，我们津津乐道于拥有世界上最全的工业门类，但客观地说，绝大多数产业链处于大而全但不强的情况。造成这种情况的一个重要原因就是对产业界人才的关注度不够。中国产业界的人才储备现状可以证明这种情况。

据《中国劳动统计年鉴2021》数据显示，全国就业人口中受教育程度为大专者占就业人口的比例为11.3%、大学占9.8%、研究生以上学历占1.1%，三者合计为22.2%；即便把高中毕业的（占17.5%）也算上，全国就业人口中高中以上学历占比也仅为39.7%。试问，就业人员中这样的受教育结构能够支撑起产业升级的要求吗？

从地区看，就业人口中大专以上学历占比超过全国平均值（22.2%）的省份有15个（不含港澳台数据）。其中最高的是北京（63%），其次是上海（49.9%），再次为天津（42%），余下12个省份大专以上学历占比都没有超过30%。低于全国平均值的16个省份中，最低的西藏占比仅为12.4%，中西部地区占比严重偏低。这也从一个侧面间接证明了为何产业转移效果不理想。

再从行业分布看，就业人口中大专以上学历占比高的行业大多集中在科研、教育、金融、信息与软件、卫生与社会服务等部门，而我们一直念兹在兹的制造业，其占比仅为17.1%，远低于房地产行业（37%），甚至低于采矿业（24.8%）。制造业就业人口中大专以上学历占比低于全国平均值5个百分点。

这表明情况已经很严重了，加强以制造业为代表的产业界人才培养与激励机制建设刻不容缓。否则，在波谲云诡的国际环境下，我国制造业大国的地位不会稳固。当下，以美国为代表的西方国家正在通过政策安排，让制造业回流，重塑产业链。为此，我们必须加快产业界人才支撑建设，筑牢制造业大国地位。

美国技术史专家布莱恩·阿瑟指出，现代技术是一套复杂的技术组合系统，由此形成具有特定功能的各种模块，在此基础上，技术呈现出组合与递归的特征。通常而言，技术通过内部替换和结构深化来完成进化与迭代。根据常识，替换构件平均比其所取代的构件复杂，为了突破局限，技术系统会不断加入次级系统，因此发展得越来越精致化。技术结构就这样不断被加深，从而变得更为复杂，最后我们能见到的技术都变成了重重叠叠的复合体。

正是因为现代技术是沿着这条路径演化的，就需要产业界从业者具备一定水准的科学知识，否则很难理解现代技术，更别说改进现代技术了。

从这个意义上说，在产业界，初中高级工、技师、高级技师与工程师等构成了基础性人才生态体系，而要使产业链具备高水平创新能力，其人才结构与规模的配置必须合理，否则期待制造业腾飞是不现实的。

以德国、日本等为代表的制造业强国，其产业链人才结构与规模基本上比较合理，由此形成了一个人才、产业与创新协调发展的良好生态系统。这些国家的产业界人才在社会上是受到充分尊重的高收入群体。而在我国，当下学生在高中分流以后并不愿意去职业技术学院。

产业界人才培养需要通过国家政策的明确引导，毕竟改变人们的认知需要一个缓慢塑造的过程，不可能一蹴而就。为了塑造公众的新偏好，短期内可以出台一系列具有显示度的相关激励政策，如沈阳这次让人们真切意识到产业界同样大有可为，产业界人才不但能获得社会尊重，社会收入也很可观。这样渐渐就会有人才不断涌入产业界,从而快速改善产业界人才结构并提高规模。

否则,再大力宣扬"工匠精神""大国工匠"也效果有限,毕竟市场经济社会中都是理性的人,通过职业选择实现收益最大化是其做选择的底层逻辑。"问渠那得清如许?为有源头活水来。"从这个意义上说,人才的探照灯是时候该关注产业界了。

（原文发表于《中国科学报》2022年11月3日第3版;

作者：李侠、谷昭逸）

科学家如何通过知识服务社会

在后工业化社会，我们遇到的各种基于知识的专业问题越来越多，急需专业人士提供解答，然而这种新的供需结构是严重不对称的，这就涉及一个重要的老问题：科学家如何通过知识服务社会？众所周知，对于任何人而言，时间和精力都是一种稀缺的资源，作为一个理性人，如何用好这份资源并使其效用最大化，永远是安排计划时需要首先考虑的问题，这也是理性选择的标志。对于科技共同体而言，如何配置时间与精力资源，除与个体特定的偏好有关外，考虑最多的一定是资源投入与特定的评价体系如何相匹配的问题，否则是无法实现效用最大化的。由于科技界是一个庞大的群体，人们的偏好各异，信念与价值观也存在诸多差异，这就导致科技共同体成员间的资源投入结构是不同的，外部世界看不到科技共同体内在的资源配置结构，所能看到的只是共同体成员在特定信念支配下的行为结果。这种基于计算的选择也被我们称作科学家的出场方式。

第一种是基于理想主义的出场方式。由于科学是探索未知的事业，一旦有人能有所发现，那份喜悦是无法抑制的，他会把那份喜悦当作礼物奉献给全世界，而这一切与发现之外的事务没有任何关系，所谓的"为科学而科学"就是这种类型。如当古希腊的阿基米德洗澡时无意中发现浮力定律，他高兴地冲向街头，高喊"尤里卡"。但是这种源于理想主义的出场方式非常稀少，可遇不可求，在人类的历史上只能偶尔出现，如果按照这种出场方式积累与扩散知识，恐怕人类至今仍然生活在知识的荒漠地带。

第二种是基于现实主义的出场方式。这种现实主义在生活世界里就是以功利主义为信念表现出来的。如果我们承认时间和精力是一个人所拥有的宝贵资源，那么考虑如何用这份资源获得最大回报就是合理的，也是理性的。这也是目前科学家在生活世界里最普遍的出场方式。

按照追求目标的不同，这种出场方式又可以分为三种亚型：排在第一位的是追求科学发现的优先权（名）。科学史上这类案例比比皆是，如伽利略制造出望远镜后，当他发现月球上有环形山的时候，马上向社会宣布这个结果。因为他知道，与此同时还有其他人也制造出了望远镜，很可能也会发现月亮上的秘密，必须第一时间向社会介绍自己的发现，以此捍卫自己发现的优先权。在美国科学社会学家默顿看来，优先权是科学界的硬通货。优先权之争，恰恰是推动科学前进的最大内生力量。对此，美国分子遗传学家沃森在《双螺旋》一书中非常直白地回忆自己当年是如何与克里克抢先发表 DNA 双螺旋结构的故事。

排在第二位的是追求利益。比如我们大家经常听到某人一旦有所发现，马上申请专利，再比如 20 世纪美国的两位科学传播专家——卡尔·爱德华·萨根（Carl Edward Sagan，1934—1996）和斯蒂芬·杰·古尔德（Stephen Jay Gould，1941—2002），萨根本是一名很有造诣的美国天文学家、天体物理学家、宇宙学家，古尔德则是著名的古生物学家，他们原本都是某一领域学有所成的知名专家，之所以乐意从书斋里走向生活世界，除推广新知识的热情之外，获得高额收入也是一个重要原因。这种出场方式在利己的同时也极大地推动了新知识在生活世界里的传播。

排在第三位的是追求权力。这里的权力通常是指话语权，按照法国哲学家福柯的理论，知识与权力是共生体，拥有了知识也就拥有了相应的权力，被承认的知识越多，拥有的话语权就越大。但是在拥有知识的群体规模越来越大的今天，如何让社会了解你拥有的知识多呢？这就迫使科学家走向生活世界。介入公共事务是最好的展现个体知识库存与创造力的方式，这种模式在西方国家已经通过制度形式固定下来。在社会治理日益复杂的今天，需要借助于专业智力资源为社会提供专业服务，作为回报，专家获得了来自社会认可的一种话语权，相信未来会有更多的科学家以这种出场方式走进我们的日常生活世界，这也是提升整个社会治理能力的必然发展趋势。

第三种是基于遁世主义的被动出场方式。如果说第二种出场方式是积极的入世模式，那么这种出场方式则是完全的出世模式。信奉这种理念的科学家以隐士的方式主动逃离这让人"无法安宁"的生活世界，他们被世人关注到只是由于不经意间取得的杰出成就，他们希望与生活世界之间保持一段安静的距离，如中国古人所谓的"圣人韬光，贤人遁世"。为了某一项事业，他们不想让其他事物干扰内心，以便心无旁骛地从事自己喜欢的研究，于是采取积极的遁世主义，这也是一种纯化研究环境的个体努力方式。在真实的科技界，这种存在方式是非常稀少的，也是值得尊敬的。如 21 世纪初俄罗斯数学家佩雷尔曼因解决"庞加莱猜想"而声名鹊起，随后发生的如拒绝领奖甚至退出数学界等一系列行为，都可以看作是这种遁世主义的代表，这种模式代表了科学界的最古老梦想：不为名利所动，醉心于研究本身。

上述三种科学家的出场方式，以多元化的方式展现了知识从源头向外扩散的多种路径，任何一种模式都有其存在的必要，这对维持科技界生态的信念制衡有好处。

在"科学家—公共事务—公众"这个知识与服务传递的链条上，要使其运行有序，需要满足两个条件：前端，科学家的能力要获得社会的充分承认；后端，公共机构要为大众提供质量承诺。由此在三者之间就构建了信任机制。任何一个环节出现问题，都会导致严重后果。基于知识扩散角度而言，科学家走进生活世界，可以消除错误观念并实现正确知识的快速传播，提升整个社会的认知水平，同时也会在科学家之间形成竞争。另外，虽然从知识传播效率的角度来讲，科学家的现实主义出场方式的激励功能最为强大，但其他两种出场方式即便效率较差也有重要作用。短期内，为了快速提升整个社会的知识水准及社会治理水平，应该扩大并规范科学家的现实主义出场方式的规模，鼓励科学家的多元化出场方式共存，以此形成信念制衡，促进科学知识的持续增长。

（原文发表于《学习时报》2020年7月1日第6版；

作者：李侠）

破"四唯"如何下手

2018年10月，中央五部委把学术界热议的破"四唯"（唯论文、唯职称、唯学历、唯奖项）问题正式提上议程。回过头来冷静思考一下，不难发现，所谓"四唯"问题事关科技界整体运行的宏观评价问题。

科研产出根据研究性质的不同可以分为三大类：基于基础研究所得到的科学论文；基于应用研究所得到的技术原理、方法等；基于试验发展研究所得到的技术改进等。不同的研究领域应该有不同的评价方法，比如基础研究成果，它的主要特点是探索未知，这种成果只能以论文的创新性作为评价的主体；对于应用研究而言，它的主要特点是解决技术难题与内在机制，这种研究成果的评价应该主要围绕其应用性前景展开；对于试验发展研究而言，它的主要特点就是具体解决现实生产中遇到的难题，以解决实际问题为主要评价标准，也许这类研究根本发表不了论文，但其价值却是实实在在的。基于上述三类研究的特点，可以清晰发现，三者之间不能用同一把标尺来衡量。当下遭遇到的破"四唯"困境，其最突出的表现就是用一把标尺衡量所有科学研究。

处理宏观问题的基本原则在于从宏观层面上寻找原因与驱动力。笔者从科技史的角度对新中国成立70多年来科技政策偏好与科研产出模式之间的关系进行梳理，可以清晰发现，这期间中国科技政策偏好出现了两次重大的范式转型。

第一次政策范式转型（简称应用型范式 P_1）。这次政策范式的主要特点是关注科技对于国民经济与社会发展的真实帮助，它持续的时间大约30年（中华人民共和国成立到改革开放初）。在这个应用型范式 P_1 指导下，我们的科技产出的主要目标是服务社会，这期间的很多科研成果极大地支持了新中国在百废待兴基础上的重建。这个时期科技产出的最大特点就是实用知识产出居主导地位，而理论类科技产出不是很多，也不是政策关注的重点。如这一时期我们的"两弹一星"、南京长江大桥等众多科技实例；虽然在应用型范式 P_1 的主导下，理论研究不是政策关注的重点，但是，那些真正热爱基础研究的人仍然取得了不俗的业绩，如结晶牛胰岛素、屠呦呦的青蒿素、陈景润的数论研究等，但科技产出的这种局面是那个时期的特定科技政策范式所决定的，这种因果关系不能搞混了。有兴趣的读者不妨看看中国第一个具有里程碑性质的科技政策，即《1956—1967年科学技术发展远景规划纲要（修正草案）》，这份规划确定了57项任务，包括616个中心任务，再从中选出12项重点项目，细心的读者会发现，这份规划的主要偏好都是事关国计民生问题的应用研究。

第二次政策范式转型（简称显示型范式 P_2）。改革开放后，中国科技界面临再次出发的关键节点，此时社会政策环境变为：对外逐渐开放，对内逐渐实行市场经济。如何顺应时代的要求，更大程度上激发科研人员的活力，此时唯论文等现象的出现就是一种具有激励功能和显示度的牵引型政策。显示型范式 P_2 从 20 世纪 80 年代开始，一直延续到现在，持续时间接近 35 年。这个时期的科技政策是大体上指定方向并匹配相应的激励机制，然后通过市场的方式去实现科技目标。这个时期的标志性政策是 1985 年发布的《中共中央关于科学技术体制改革的决定》，由此揭开了全面科技体制改革的序幕。在市场力量的倒逼下，基于绩效衍生出的数论文、数项目/奖项、看职称等管理办法，对长期困扰中国社会的人情文化是一种有力的市场阻击，其客观性尤其凸显了弥足珍贵的公平精神，虽然这种办法有明显缺陷（以偏概全），但是两害相权取其轻，人们还是逐渐接受了这套评价方法。由于绩效的示范作用，慢慢地各个领域的科技工作者都接受了这套规训技术。这套评价方法之所以会在短短的近 35 年间成为一种根深蒂固的科技管理制度，因为这是双方的最大公约数：于管理者而言，其操作简便易行而且成效显著，中国国际科技论文数量从 2010 年开始已经连续 10 年位列世界第二；于科研人员而言，这种"一刀切"的做法虽然粗暴武断，但它简单而公平。这种模式的最大弊端就是用论文一种科研产出模式，替代了所有其他领域的产出模式，这显然造成了一种全行业写论文的局面。从宏观层面来看，这种个体选择也造成了应用研究领域与试验发展领域的研究整体出现停滞与衰退，因为真正的科研没有帮助一线企业解决这些问题，导致科技没有为国计民生与社会发展的需要提供最大的帮助。

从上述的简短历史梳理中，可以清晰发现：应用型范式 P_1 运行的结果是科研产出主要关注应用，在特定时期有其合理性；显示型范式 P_2 导致科技领域全面论文化，这种模式从激励角度来说是成功的，但是也有弊端，导致科技产出与社会需求严重脱节，科技没有能够最大限度地服务于社会经济发展。

在此背景下只有另辟蹊径，这也是破"四唯"在当下获得广大科研人员高度心理认同的基础所在，由此开启了第三次政策范式转型（简称综合型范式 P_3）。科研产出不仅仅是论文，还有很多与改善人类生活密切相关的成果。多元化评价是其未来的出路，破"四唯"不是不要"四唯"了，而是说"四唯"只适合整个科技版图中很小一部分领域（如基础研究）的评价，比如作为演员就不需要过度重视博士学位，作为技术能手就不需要过度重视什么获奖、论文等。任何政策的运行都会塑造人们的认知图式，并带来相应的认知惯性，因此，破"四唯"的工作不可能一蹴而就，人们认知图式的改变也是需要时间的，只要调整政策里相关条款的权重，效果自然会慢慢显现出来。就拿当下被很多科技界人士诟病的科学引文索引（SCI）论文而言，SCI 本身不是问题，问题出在我们的评价体系把它置于最高优先级的位置，只要把外文期刊与中文期刊置于同样的承认权重，那么用不了多久，对 SCI 的狂热就会消退。从这个意义上说，破"四唯"需要的是评价体系的结构性调整，即把科技领域从一维结构恢复到三维结构，对于原先全覆盖的"四唯"标准，部分内容退回到基础研究维度，其他两个维度（应用研究与试验发展研究）采用新的评价标准就可以逐渐解决这个问题。考虑到政策效果呈现的滞后性,如果从现在开始行动,到 2030 年左右,我们就会生活在一个尊重分工、承认差异的多元化评价体系的世界里。

(原文发表于《学习时报》2020 年 3 月 4 日第 6 版;

作者:李侠)

如何从根本上治理学术不端？

近年来，高校、科研院所的学术不端现象时有发生，引发社会对于高校学术道德建设整体状况的担忧。教育部部长陈宝生在全国两会期间表示，惩戒学术不端，近期教育部将发布相关文件，有新动作。

究竟如何看待学术道德建设？笔者认为，首先要明确三个问题：第一，学术道德的主体是谁；第二，行为（结果）与规范的匹配度如何；第三，裁判机制是否合理有效。一般来说，学术失范现象的发生，大多与上述三个环节中的某一项或几项的失灵有关。

高校学术道德建设，事关国家整体科研形象

高校是我国最重要的人才培养与学术研究机构。据统计，在人才培养方面（从本科到博士阶段），国内高校承担了95%以上的培养任务。

换言之，那些即将进入学术界的从业人员，大多在高校里接受学术规范训练。从这个意义上说，高校是开展学术道德建设责无旁贷的主战场。

据悉，中国（港澳台除外）目前有各类高等学校2879所，其中普通高等学校2595所（含独立学院266所），成人高等学校284所。这些高校几乎可以把所有适龄优秀青年都纳入其中，这就为学术道德建设提供了一种全普及式的、齐一化的覆盖。而且高校相对封闭的环境也适合塑造个体的认知框架和正确价值观，一旦这些规范内化于心，学生即便今后走向各种工作岗位，也会习惯性地遵守与坚持一种规范。同时，它们也会影响周围的人，一起受到规范的熏陶。而这个过程，就是学术道德在社会上的扩散效应。

有统计表明，最近 20 年，国内高校已经培养了 9972 万大学毕业生，粗略估算，改革开放以来的大学毕业生总数已接近 1.1 亿人。

如果每位大学生都能把学术规范内化于心并付诸行动，将为社会建起良好的学术道德氛围。

再从科研产出的角度分析。以论文发表为例，高校研究成果占到国内科研成果总量的 70% 左右，这意味着，加强高校学术道德建设，对于中国整体科研形象的提升具有重要作用。

考虑到道德规范发生效用的滞后性，当下中国科技界最活跃的青年人（30—45 岁）大多是过去 20 多年间培养出来的人才。

从这个角度上说，目前被曝光的一批学术失范现象，恰是过去 20 多年间高校学术道德建设缺失的一种表现。因此今天的治理，某种程度上是对过去疏忽的一种弥补措施，或者说是一种不得不付出的代价。

两类不同群体，学术失范动机各有不同

近年来，屡屡见诸报端的多起学术不端事件，这说明高校在学术道德建设方面仍存在诸多问题。要根治这些问题，首先需要厘清的是，众多学术不端事件发生的内在原因是什么？在此基础上，才能找到真正有效的解决办法。

为此，我们姑且把高校发生学术不端的群体分为两类：一类是学生，以研究生为主；一类是科研人员，主要是指在高校任职的教学和研究人员。这两类人的职业偏好不同，引发学术不端的驱动力也不同：前者是内源性驱动，后者是外源性驱动。

所谓内源性驱动，是指道德主体基于个人偏好（负性偏好）做出的选择。对于学生而言，主要是指在科研中怕吃苦、想走捷径等，出于懒惰偏好而发生的学术不端行为；对于科研人员而言，其发生学术不端的内在原因是投机取巧，但这类事件的比例总体较低，更主要的原因在于外源性驱动。

如今，高校竞争压力普遍较大，这些压力会通过政策工具传导到每个个体身上。对于学生而言，为了毕业，须按规定完成论文发表任务，可能导致论文抄袭；对于科研人员而言，出于晋升、报奖、申请项目等目的，在能力提升有限而任务指标水涨船高的背景下，青年科研人员面临"非升即走"的现实考核压力，这种情况也会促使一些人铤而走险。很多时候，造假、篡改数据成了完成任务的一种有效途径，违规成本极低。

可以说，在国家科技资源投放有限的情况下，资源的硬性约束会把竞争压力传导到科技界的各个层级。这种过度激励与过度竞争的捆绑式治理结构，一定程度上从外部刺激了高校学术不端现象的发生。

撤稿现象频发，成为学术治理中的道德飞地

梳理近五年曝光的学术不端事件，笔者发现了如下特点。

首先，学术不端现象涉及整个科研生态链。当然，越是高端群体，学术不端发生的比例越低，这是个体学术成本约束的结果。一旦被曝学术不端，其前期积攒的学术资本就会变为沉没成本。

其次，学术不端的表现形式从低技术含量（抄袭）到高技术含量（数据造假），谱系齐全。越是高端人才，学术不端的技术含量越高，越难被发现，且往往涉及的利益面较广，处理起来难度较大。

另外，现在有部分学者倾向于认为，撤稿也是一种学术不端。撤稿原本是学术界的一种自我纠偏机制，可现在开始被一些科研人员拿来钻空子：撤稿人利用后来被撤稿的文章提前实现了职称晋升、项目申请、报奖评奖等个人目标。

虽然论文被撤，但基于那些文章所获得的不当收益无法收回，笔者认为撤稿已沦为一种新的学术不端形式。

需要指出的是，撤稿的原因也是多种多样的。这里面既有主观学术不端，也有客观失误，其类别很难界定，几乎没有人或机构愿意去复查这些撤稿的当事人及其成果，结果导致撤稿成为学术治理中的道德飞地。

近年来出现的数千篇撤稿文章，已经影响到中国学术界的整体声誉和科研诚信。

引入第三方机构,最大限度保证客观中立

基于成本-收益分析,建议将学术不端事件的处理与高校利益进行切割——积极引入中立的第三方仲裁机构,改变自我疗伤式的惩戒模式,才能最大限度地保证客观中立。

目前,不少学者倾向于认为,学术道德建设的激励机制还有进一步优化的空间。

大凡激励机制都包含两个层面:正向激励(鼓励与奖赏等)与反向激励(惩罚与惩戒)。

基于人类的特点,人们对于正向激励的形象不如反向激励强烈,所以在规则设置层面,通常采用反向激励。对于学术道德建设,也可以采用类似的正向激励与反向激励同时运行的模式,突出强调反向激励的作用,使学术不端的后果得到充分展示。

在时间的放大作用下,反向激励所明示的禁区与底线意识得以逐步确立,由此形成长期的警示作用。

由此,学术道德建设才能真正落地生根。

(原文发表于《文汇报》2019年3月16日第10版;

作者:李侠)

修补"世界观拼图"
破解"钱学森之问"

在社会分工如此细化的今天,大学给人的第一印象仿佛是学会一种专门的职业知识或技能的地方。但对个人而言,获得知识和技能虽然也很重要,但是知识和技能具有显性的中短期效用(尤其是在知识更新速度如此之快的今天),而"世界观拼图"决定了一个人的认知视界或认知格局的大小,而且一旦形成就具有长期的稳定性。

因此,大学四年其实就是让人利用这个"闲暇"、安静的时光修补自己的"世界观拼图"。这是读大学至为重要的长远目的之所在。

"世界观拼图"对于一个人的未来是如何发挥作用的?

在回答上述问题前,需要对世界观的结构做些简单的分解,笔者认为世界观由三部分组成,分别是真理之维,解决人与世界的关系问题;伦理之维,解决人与社会的关系问题;审美之维,解决人与自我的关系问题。这三个要素交集的外延构成了一个人的认知视界(或格局),仿佛一个包含三要素的圆,人们通过视界、格局来处理日常生活中所接收到的各类信息,并做出相应决策与行为。

对个人来说,世界观的差异会造成什么不同结果呢?根据科学哲学的经典命题——观察渗透理论不难发现,世界观的差异通常会带来三种结果:

第一种情况:如果世界观结构极度不完善,即拼图面积萎缩,那么个体将无法形成有效的认知格局，他看待世界是零碎的、片面的；

第二种情况：如果个体拥有的世界观是落后的、封闭的，即拼图构成的圆面积比较小（即认知视界较小），那么个体看到的世界也是狭窄的、退化的；

第三种情况：如果个体拥有的世界观是进步的、开放的，即由拼图构成的圆面积较大，那么个体的认知格局就较大，从而能看到全新的世界，也能发现更多的新问题。通过上述分类，我们大体可以知道，对于个人的长远发展来讲，"世界观拼图"构成的圆面积越大越好。

纵观人类思想史，可以清晰发现，以亚里士多德理论为基础形成的"世界观拼图"的面积 S_1 小于以牛顿理论为基础形成的"世界观拼图"的面积 S_2，而 S_2 小于以爱因斯坦相对论等成果为基础所形成的"世界观拼图"的面积 S_3。

根据三个不同认知格局的大小，我们又可以发现：从历时性角度来看，宏观层面拥有"世界观拼图"面积越大的时代、国家，社会文明程度、科技发展与人类创造力的发展都呈现出明显的优势，反之亦然。从共时性角度来看，对于个体而言，拥有"世界观拼图"面积的差异，直接决定了个人未来取得成就的差异，从这个意义上说，认知格局的差异决定了个体发展的差异。这个结论也间接回答了"钱学森之问"，即为什么我们的教育培养不出大师级人才的深层原因之所在。

对世界认知格局的大小影响了一个人的创造力

一个人从小学，甚至从出生开始到中学毕业，在这个漫长的成长过程中一直在构造与完善个体的"世界观拼图"，由于教育体制以及个人偏好等方面的原因，我们最初的"世界观拼图"可说是有缺失的。

我们的教育长期鼓励与重视数理化等学科（真理之维的内容），导致中国学生在这个维度上的表现不输给世界上任何国家，但是在伦理和审美的维度，我们的教育显得相对落后，这两个维度的薄弱，导致中国学生有时认知格局比较狭窄，即圆的面积较小，这会严重影响中国学生的创造性与发展的后劲。

任何创造力与想象力的培养都与获得事实的多寡有关，按照美国哲学家理查德·德威特（Richard DeWitt）的观点，事实大体可以分为两类：实证事实与哲学/概念事实。来自经验的事实大多是实证事实，而这部分事实大多是源于生活经验，数量较少，质量也不高，尤其是新颖事实的出现极为稀缺，这就导致实证事实的积攒速度很慢与认知价值较低；相反，来自于"世界观拼图"的哲学/概念事实则严重依赖于认知格局的大小，如果拼图面积较大，则能产生较多的新颖事实，反之则很少。

由于我们的人口众多，即便按照相同的发现概率，能够获得相对比较丰富的实证事实，这是人口红利在农业时代的知识生产层面的体现，但是，这种状态下的知识获得途径比较低效。

随着16世纪近代科学的兴起，欧洲国家和我国的"知识生产效率竞赛"开始。中国开始落后，这也就是科学史学界所谓的"李约瑟难题"形成的深层原因。因此，宏观层面所形成的认知格局大小，影响了整个国家的发展水平以及社会的文明程度；在微观层面认知格局小，则影响了个体的创造力与看待世界的方式。

总之，对个体而言，认知的格局越大，"世界观拼图"结构越合理、面积越大，对个体的发展越有利。

利用好大学这段较少功利的"闲暇"时光

大学是一个人走向成人世界的最后一个驿站，在这个相对封闭的世界里，一个人可以在这段相对没有功利的"闲暇"时光里，尽量丰富与完善自己的"世界观拼图"，并使之成为一种进步的、开放的认知格局，并尽全力使之结构合理、面积最大化，这就是大学给每个进入其中的人提供的一种机会。

按照英国历史学家迈克尔·奥克肖特的说法：甚至对那些要把自己以后的生命花在这种或那种实用职业的人来说，在他们生命的这段时间中，把四年中的三年用于熟悉人类理解和解释的伟大事业中的某一种，而不是学习某种职业技能，也是一件好事情。通俗来说：在大学里，最大限度地完善自己的"世界观拼图"。奥克肖特为此曾感慨地说：大学是一个你教育自己和相互教育的场所，这就是你们在这里要做的事情。生活就是目的，这种神奇的、完全属于闲暇的生活，你绝对不会再次得到这种生活的机会了。我喜欢把这种日子称为：一个人一生中曾拥有过的在光亮中生活过的日子。

（原文发表于《文汇报》2019 年 7 月 19 日第 8 版；

作者：李侠）

科学研究有无捷径可走——"弯道超车"还是"马赫带效应"

"弯道超车",是我国近几年来在社会治理领域的热词,意指经济与社会的超常规发展。由于社会是多变量的组合,在某些关键节点,这种可能性是存在的。

这些年,随着国家对科技发展的日益重视,从人才引进、经费投入到高校改革的推进、科技体制改革的深化等,这一套组合拳下来,效果显著,由此科技界力争在追赶中实现"弯道超车"的雄心势不可挡。那么,学术界是否也存在"弯道超车"现象呢?

急躁心态势必会影响学术圈,欲速则不达

科学史研究早已证明:学术界的发展与推进,依靠的是知识库存的缓慢积累与灵活运用,而知识的积累与内化都需要时间。从这个意义上说,学术界作为整体,几乎不存在"弯道超车"现象,它遵循的是渐进式的发展路径,只有当知识库存积累到一定程度,才会发生整体性的突变或者加速,这是前期漫长积累的结果。它需要诸多相关条件的整体进步,而世界科学中心的五次转移,就可以被看作这种过程的体现。

客观地说,中国科技界的发展速度已经很快了,致使很多配套系统跟不上发展的节奏。所以当下的中国科技界,最需要的是静下心来,稳步发展,而不是急躁冒进。必须清醒地意识到,我们在很多领域仍然处于追赶阶段,这种定位要求我们具有足够的耐心,通过渐进式发展,逐步缩小与发达国家的差距。由于我国科技体量庞大，一旦知识积累到一定程度，就会引发知识的链式反应，那将是任何国家都无法相比的。

因此，对于我国来说，超车不是最重要的，更重要的是在追赶中不翻车。即使想要超车，当下也还有很多工作要做：科技布局的均衡、人才培养体制的完善、科技投入结构的合理化、科研文化的塑造与培育、科技评价机制的优化完善等。没有这些基础条件的协同进步，我们拿什么来实现"弯道超车"呢？

典型的"马赫带效应"：亮处更亮、暗处更暗

就学者个人而言，更应该避免"弯道超车"的幻觉。一名学者只要脚踏实地、一点一滴地增加自己的知识库存，假以时日，自然会有一番作为，这就是"千里之行、始于足下"质量互变规律发生作用的结果。

虽然实现"弯道超车"不太可能，但寻找有利于知识生产与个体成长的捷径还是可以的。每个人都要在自己的最佳知识生产窗口期（通常在30—45岁之间）获得更多机会、资源与承认，较早进入有效的知识市场，这样才能最大限度地实现自己的梦想。这就要用到"马赫带效应"（Mach band effect）。它原本是由奥地利物理学家马赫在1868年发现的一种视觉现象，是指人们在明暗交界处感到亮处更亮、暗处更暗的现象。久而久之，这种视错觉演变为评价领域里的扭曲认知定式。这种扭曲对于个体的知识资本积累、转化与实现收益最大化都具有重大影响。

为了更好地展示"马赫带效应"，不妨通过一个具体例子来揭示这种变化。众所周知，任何认知判断都受到背景因素的影响。假设甲和乙两个人具有同样的学术资质与能力，如果把甲放在一个影响力高的平台，把乙放在一个影响力低的平台，那么，人们倾向于认为甲的水平比乙高，反之亦然。其实，在初始条件下，甲和乙的能力是相同的，但由于甲所处平台水平较高，相对而言，竞争压力也较大，人的潜力发挥也更充分一些；而乙的平台水平较低、竞争不充分、面临的压力也会低一些，从而导致乙的潜力释放不充分，久而久之，乙真的在能力与知识积累上不如甲了。这就

是人们常说的学术界的"马太效应",而按照科学社会学家默顿的说法,这就是典型的优势累积现象。

其实,对于这个结构,还可以深入挖掘一下。在人们最初对甲的高估中,其实包含着甲所处平台带来的知识溢出部分。这部分溢出在起始处就被甲收获了。同理,在对乙的低估中,也包含人们对于乙所处平台的低估,这部分差额由乙自身的知识库存来冲抵,结果导致评价受到背景因素的直接影响,即平台背景对于个体评价产生加分与减分现象。坊间所谓的"人往高处走",其潜在意义在于获得高处的溢出价值。这就是典型的"马赫带效应":亮处更亮、暗处更暗。

"人往高处走"不见得是最好或唯一选择

就常识而言,大平台拥有更多机会与资源,小平台的机会与资源则比较少。问题是,大平台的机会与资源再多,未必是你的;而小平台虽然机会与资源比较少,但可能都是你的。关键是你在平台中的相对位置,这就是选择的悖论。

任何选择都是有代价的。在高平台,个人会获得机构声誉的溢出收益,但是由于高平台普遍水平较高,会造成个体比较优势的缩小、机会的稀缺以及竞争压力的加大。学术界的通用规则是"赢者通吃",在这种环境中,个体所承受的心理成本也会很高,这就是获得机构溢出收益(声誉)所要付出的代价。

既然社会认知评价与个体真实水平是两回事,那么,"马赫带负向效应"的情景又会如何呢?由于所处平台的知识梯度较低,个体很容易确立自己的比较优势,即便做出同样的成果,在高低平台之间所获得的收益也是不一样的。总体而言,在低平台获得收益也会更容易一些,而且容易形成"赢者通吃"局面。

更为重要的一点是,个人在低平台承受的竞争压力与心理成本也会随之降低,从而为自己营造出较为宽松的环境,而这种宽松的环境更有利于知识的生产与个体的成长。从这个意义上说,一味地沿袭"人往高处走"

的路径,并不见得就是最好或唯一的选择。

最适合自己的,才是最好的。所以苏格拉底一再告诫世人:认识你自己。遗憾的是,很多时候,我们并没有遵从自己内心的召唤与判断,也不了解自己的真实偏好与潜力,只是没有反思地接受约定俗成的选择模式,从而影响自己的知识积累速度与发展进程。

学术界的发展捷径:持之以恒地快速积累知识

提出上述判断,是基于以下两点预设。

其一,随着互联网时代的深入发展,整个社会结构有日益从垂直型社会向扁平型社会演变的趋势。知识的收集与检索进一步便捷化,预示着知识的生产机构不再具有头等作用的地位,而是成果的内容成为首要考虑目标。

其二,随着市场经济的深入发展,对于人的评价会发生深层次的变化,换言之,在交换市场里,社会不再把人作为"静态的展览者"来评判,而是把人作为"动态的生产者",按照他们产品的质量来评判。从这个意义上说,最容易获得支持并有利于产出成果的选择才是最正确的选择,哲学家阿伦特曾说:"活的精神"必须存在于"死的文字"中。对于任何个体而言,最快地把知识生产出来,才是头等重要的事情。如果你没有一定的资源和条件,又如何去生产呢?

因此,对于那些有志于学术研究的人来说,必须充分认识到:在学术界,"弯道超车"现象是很少出现的,但学术界的确存在发展的捷径。这个领域颠扑不破的传统就是踏踏实实、持之以恒地快速积累知识库存。但为了更快地发展,个体可以结合自身的特点,充分利用人们认知中的"马赫带效应",寻找最适合自己的研究环境,为自己营造出最舒适的发展空间。

(原文发表于《文汇报》2018年2月23日第6版;

作者:李侠)

科研诚信为何如此重要，却又容易失范？

最近一段时间，关于科研诚信的话题再次引燃整个网络。暂且不论这次事件最终如何收尾，此次争论的意义在于再次引发科技界对于科研诚信的关注与反思。

笔者担心的是，事件过后一切又回到老的模式上，好像什么都没有发生过一样。为此，必须从宏观层面剖析一下科研诚信如此重要，却又如此容易失范的原因。

如果不能从根源处找到失范的原因，那么科研诚信事件就会像流感一样，隔一段时间就发生一次。如果问题长期累积而得不到妥善处理，最终将影响社会对科技共同体的整体认同，这才是最让人担心的地方。

痛定思痛，彻底厘清问题产生的深层结构，这才是我们当下的努力对于未来的意义所在。

在人类社会中，诚信是维持社会秩序的规则集合。它的标准结构是，诚信=领域+规范。各行各业的诚信集合构成了国家的声誉资本。基于这种理解，科研诚信=科技领域+科技规范。

科研诚信在诚信集合中实在是一个新生事物。在破解当下的科研诚信困境之前，还需要解决一个关键问题，即科研诚信的生产结构。

科研诚信不是凭空产生的，它的生产链条由以下三部分组成：生产者（科技人员）、成果评价（公共领域的认定）与消费者（国家与社会）。如果科研成果被认定（真/假、对/错等），那么由此产生的诚信价值一部分以承认的方式回馈给成果的生产者，余下部分被成果的消费者分享。

从这个意义上说，成果一旦在公共领域被认定，国家拥有成果的部分诚信价值，原本就是题中应有之义，国家以此积攒自己的声誉资本（无形资本）。

因此，一旦生产者违规，导致出现科研诚信问题（学术不端），其获得的个人价值（承认价值）将被连本带利收回。同时，更为严重的是，这种行为相当于生产者对国家与社会财富的恶意侵占与破坏（国家利益受损）。通常国家为了捍卫声誉与尊严，会断然地对违规者实施严厉的惩罚。

从宏观层面来看，科研诚信问题之所以久治不愈，是国家诚信陷于公地悲剧场景所致。

众所周知，国家资产的构成包括两部分：有形资产与无形资产。有形资产是指国家通过各行各业的劳动所获得的所有实物资产，产权明确；而无形资产则是指那些有价值但不是以实物形式呈现的资产，其中声誉资本就是国家所拥有的最重要的无形资产之一。

在全球化时代，国家间的交往呈现出指数级的增长，而交往的基础就在于相互间的信任。信任的基础则在于诚信，缺乏诚信带来的直接后果就是交易成本大幅提升。无形资产的价值在扩大的交往世界得到了空前的彰显，没有诚信就没有世界的拓展。国家声誉基于国家诚信，而国家诚信又是各行各业诚信的总和。

时至今日，缺乏诚信的历史欠账让我们的很多行业仍深受其害：别人不信任我们的产品质量，我们为这种刻板印象交了太多的学费。

因此，科研诚信作为国家诚信的重要组成部分，实实在在是国家的财富。但是，诚信这种资产的属性属于公共物品，导致其产权无法界定，生活在这个国家里的所有人都有权使用。这就不可避免地遭遇公地悲剧的困境，即所有人都想利用它获得收益，却又没有人为它付出。这种局面如果得不到有效治理，最终必将导致作为公共物品的科研诚信面临破产的危机。

我们不妨看看西方发达国家是如何处理学术不端事件的——如果学术不端事件被证实，处理起来往往是干净利索，手起刀落。

为什么这些发达国家会如此干脆？不是它们高尚或者有别的什么特质，而是因为它们清楚地认识到：如果纵容对于属于国家的公共物品（科研诚信）的侵蚀，不果断处理，将不可避免地出现"破窗效应"，即违规事件的仿效与扩散，随之而来的是共同体内部出现不可遏制的道德滑坡现象。这些都会危及政府的诚信，这是不能承受的损失。

为避免出现这种糟糕的局面，它们在事情起始处就严格遵守规范，按原则执行。这种做法看似无情，但对于国家的代理者而言，实则收获了全社会的信任与认同，是政治收益最大化的最佳选择。否则，公众由信任到不信任只有一步之遥。这种基于私利的考虑，反而阻止了不信任感的国际扩散，最终避免了国家利益受损的局面。

同时，这种处理方式对于科技共同体而言也是有益处的，既捍卫了学术界的公平竞争，又有效遏制了可能出现的道德滑坡现象。

再回到微观层面，作为科研诚信的产出者，科技人员通过自己的科研活动，完成了从私人领域向公共领域的跨越。一旦其科研成果被社会认定，那么他将收获与此相关的利益与荣誉。从这个角度来说，科研诚信构成了科技工作者个人价值的主要内容。

由于社会在对其成果的认定中存在严重的信息不对称，这就导致生产者总有弄虚作假或者夸大其成果价值的冒险性冲动，以此获得泡沫学术资本，从而扩大自己获得社会回报的资本基数。

一旦这种盗窃科研诚信的回路建立起来，就会形成收益的正反馈，导致违规的人在竞争中迅速脱颖而出，即便后来发现有问题，处理起来难度也极大。

当学术规范的执行与惩处存在治理缺口时，就会出现违规收益大于违规成本的情况。如果这种局面不能得到扭转，势必造成所有个体都趋向于通过制造泡沫资本来肆意侵蚀公共诚信库存的情况。这一方面会导致国家财富（声誉）受损，另一方面也会对遵守规范的个体形成制度性不公平，最终导致投机偏好被锁定在退化路径上无力自拔。

学术不端是国际学术界的常见现象，区别只在于严重程度不同。对于中国而言，问题在于对科研诚信的惩处大多停留在对个体价值的惩处上，缺少对侵蚀国家财富的惩处，导致国家利益没有得到合理的关照，造成惩罚总量不足。这是今后亟须加强的。

（原文发表于《中国科学报》2021年3月15日第1版；

作者：李侠）

绩效主义下，科学界如何安放学术理想

2018年10月起五部委相继发文提出破"四唯"；当年11月，教育部再加一条，提出破"五唯"（新增"唯帽子"）。不论"四唯"还是"五唯"，这些指标都是绩效主义在现实生活中获得认可的表征方式之一。

绩效主义之所以能在短短的30年间取得如此高的认同度，是因为它的三项预设与科学共同体的内在偏好高度契合。首先，绩效主义预设科学共同体也是理性人，在科学场域内同样追求利益最大化（承认的最大化）；此预设与共同体的内在激励机制相契合，也是对以往的道德绑架（君子耻于言利）的一种否定，由此最大限度地释放共同体的潜力。

其次，绩效主义用数量预设了一道"无知之幕"，由此最大限度保证了公平规则得以实施。所谓"无知之幕"，原本是美国哲学家罗尔斯为保证正义而设计的一种机制，它的核心主旨就是要通过一种机制屏蔽掉各种外在因素对于公平的影响，如身份与社会地位等。科技界对"无知之幕"的追求同样是要捍卫公平。以数量为代表的绩效主义以"无知之幕"的方式切割了人情的干扰，从而最大限度保证了公平的实施。不是没有人知道单一的数量考评对于科技界所带来的危害，但是，相较而言，这种缺陷是为获得公平所必须付出的代价。

再次，绩效主义只关注"投入-产出"，不关心种类繁杂的过程，其所具有的简单性，也契合了降低社会管理成本的一种诉求。这一管理结构既符合科技管理部门的偏好，也与社会公众不关心过程只关心结果的偏好相一致。

因此，绩效主义可以说是科技共同体、管理者与社会在偏好交集处共谋的结果。

绩效主义的弊端主要有三个：首先，绩效主义对于数量的片面追求，导致科技界的多元研究领域在终端日益趋同，即产出只有一个出口：文章数量。这就不可避免地造成科技界的科研活动发生扭曲，从而破坏了科技生态的健康发展。整个社会对于科技的需求是多方面的，不仅仅是论文，那些无法发文章的实用技术可能更是社会所急需的，但这些努力得不到合理的承认，导致产业界与科技界出现"两张皮"现象：社会需要的知识不被认可而供给减少，社会不需要的却被认可而产能过剩。最近喊出的"把论文写在祖国的大地上"，就是对这种扭曲的评价机制的一种全面抗议。

其次，绩效主义是一种短视的实用主义的变体，在这种语境下，没有学术理想存活的空间，既然未来是无法计算的，那么也是不值得投入的。

最后，从长远来看，绩效主义的泛滥会造成整个社会的同质化。文化的异质性程度与创新发生频率高度正相关，反之亦然。同质化造成群体间竞争强度加大，从而导致整体的疲惫与麻木。以往的管理都是通过监督来实现的，而同质化具有一种神奇的魔力，规训措施被每个个体主动内化，然后开始出现无意识的自我剥削状态。它造成的幻觉是，使生产率和效率达到最大化不是对自由的压制，而是对自由的充分利用。人们甚至会认为，这恰恰是自我实现的最好表征。你甚至会为自己产生的抱怨而羞愧，这就是最高超的规训技术。

在这种治理模式下，那些曾经的学术理想还有生存空间吗？如果一代人都没有了学术理想，只是为了当下的指标而活着，那么科技的可持续进步也就成了一句空话。那么学术理想存活的条件是什么呢？今天的局面是一个缓慢历史演进的结果，因此，这个问题必须回到科学史上去寻找答案。我们不妨看看两次科技革命中的科学家的处境，从中或许可以发现学术理想存活的条件。

第一次科技革命时期，那时的科学家如哥白尼、伽利略、牛顿等，他们大多生活优渥，不用为生计奔波，凭着发自内心的热爱，他们产出的成果如《天体运行论》《自然哲学的数学原理》等，哪一本都不是为了考核而做出来的成就，相反这些成就是他们为自己追求真理的学术理想而取得的。第二次科技革命时期，如爱因斯坦、德布罗意、玻尔、薛定谔与海森伯等，他们都有稳定的工作、体面的收入、自由的研究氛围，所在岗位也没有严苛的绩效考核标准，在这种条件下，他们都依照个人的学术理想做出了杰出的贡献。

不难发现，学术理想的实现需要满足三方面条件：身体的需要（收入）、心理的需要（安全）、精神的需要（自由），只有在自由状态下，学术理想的探照灯才会观照到真、善、美等形而上之物。尤其是后两者对于学术理想的存活至关重要。

对于科研工作者而言，科研是一种什么性质的工作呢？按照政治学家阿伦特（1906—1975）的观点，人类的核心活动可以分为三类：劳动、工作与行动。劳动完全属于私人领域的事情，工作是社会领域的事情，而行动则属于公共领域的事情，它与生存无关。所谓积极的人生就是从劳动到工作再到行动的逐步跃升过程。

从这个意义上说，科研活动起点较高，从一开始它就是以工作形态存在的，而工作不仅仅是解决生计的问题，它更包含了社会交往的职责，换句话说，科研活动不仅仅养家糊口，它还承担一定的社会职责，再往前一步，科研人员产出的知识则完全是公共行动，这些知识与个人生计无关，它的质量与好坏对于社会具有公共性的意义。从这个意义上说，科研人员的职业先天就具有超越生活的公共使命。

当下中国科技界的现状是，大多数科技工作者仅仅把科研视为一种工作（职业），这本是科技建制化以来的基本含义，无可非议，但是仅仅满足于此是不够的，也是对于科研工作本身功能的一种浪费。遗憾的是，限于各种掣肘因素的存在，很多科技工作者把科研活动仅仅视为维持生计的手段，从而限制了工作职能本身的充分展开，进而无法发展出科研的行动职能。

真正做到把科研视为一种行动，对于条件的要求是很苛刻的。仅就目前而言，心理的需要与精神的需要的供给严重不足，这种不足又是个体自身无法完全解决的，与其在不可为之处浪费时间，还不如利用绩效标准改善生存状况，这种降维选择导致科技工作者以牺牲科研的神圣属性而置公共使命于不顾的现象发生，这就形成当下学术界的学术理想全面萎缩而世俗生活却火热异常的局面。

破"四唯"/破"五唯"之后的后绩效主义时代，科研是否会出现大滑坡，这点倒不必忧虑。建制已在，量的波动只是暂时现象，大浪淘沙之后，一切将回归正轨。当下的紧迫任务在于打造从业者的"收入—安全—自由"的基础支撑条件。在操作层面，解决之道在于尽早纾解不足，不妨先降低共同体的竞争强度，从而逐渐恢复群体的心理安全感。当大家心态日趋平和的时候，学术理想与公共使命被重新树立的可能性就会随之提高，再假以时日，随着体制改革的深入推进，增加共同体的自由度，那么学术理想重新绽放就是可以期待的事情。

只有到了那个时候，怀揣梦想的共同体成员才有心情安静地做一些源于激情和热爱的事情，才能真正为人类贡献出卓越的知识产品。这一过程是缓慢的，但只要开始行动，积极的人生就会汇聚起来，我们期待的变化就会出现。

（原文发表于《中国科学报》2020年8月7日第1版；

作者：李侠）

教学与科研之间矛盾该如何化解

造成当下青年教师焦虑的主要原因是什么？这是一个亟须厘清的问题，据笔者观察，造成青年教师产生普遍性焦虑的原因主要有三个方面：成家、立业与生存压力。遗憾的是，这三方面因素几乎在同一时间出现在人生舞台上，没有错峰，更没有缓冲，导致压力叠加由此衍生出独有的"青年期焦虑综合征"现象。在这三方面因素中起主导作用的是立业，只要它解决了，其他两方面压力因素会随之消失或得到极大缓解。对于青年教师而言，立业的主要内容就是教学与科研，要靠一种还是两种技能安身立命？由于时间的硬性约束，教学与科研之间到底是非此即彼的鱼与熊掌的关系，还是可以达成兼容的双轮驱动？只要厘清了这个关系，青年教师的焦虑问题也就演变为一种需要技术性处理的问题。

在大科学时代，整个社会形态都发生了深刻的变化：宏观层面上，在科技的裹挟下出现了领域拓展与社会分工日益精细化的现象；微观层面上，作为社会中的人又面临领域集成与功能整合现象。这两种矛盾所造成的撕裂，回到生活世界最终都要落脚在一个个具体的个人身上，在缺少必要调试期的背景下，不可避免地造成个体的心理失衡与行为选择的仓促应对，各行各业概莫能外。笔者曾私下里戏言，当下要成为一名被广泛认可的老师不是一件容易的事情，他至少需要具备三种能力：在教学上要有演说家的口才；在科研上要具备专家的专业能力；在社交上要有外交家的人情练达。还好这最后一项能力还没有被固定化，否则，教师的时间碎片化现象将更是难以修复。

这种矛盾是古已有之还是一件新生事物？梳理科技史上的线索不难发

现：从历史上看，教学与科研几乎就是完全分立的。按照流程来看，教学和科研在整个知识生产链条上处于两端，分别承担着不同的功能。教学的主要功能是传播知识，而科研的主要功能是生产知识。这种结构化安排有助于各个领域专业化程度的提升与分工的细化：负责传播知识的，要开发各种技术，使知识传播的效率和质量得到最大限度的提高，从而满足人才培养的需要；而在知识的生产端（科研活动），则要尽量免除各种干扰，以保证科研人员心无旁骛地进行创新与知识的高质量生产，满足社会对知识的需求。

在近代科学兴起之前，知识的生产链条几乎完全按照这个模式运行，比如中国古代的孔子、古希腊的苏格拉底都以教育为主，教学效果堪称完美，而稍后的欧几里得、阿基米德等则是科研的代表，他们都集中精力于知识的生产，为后世留下了影响深远的科研成果。近代科学建制化以来，教学和科研逐渐出现有限整合的迹象，一些人既是教师同时又是科研人员，比如伽利略、牛顿等都曾在大学任职，我们今天对于他们的教学工作了解得并不多，反而是他们的专业科研成果对后世影响深远，而且这种结构安排并不是其所在学校的硬性要求，完全是基于个人偏好选择的结果。这种模式一直延续到20世纪60年代，随着大科学时代的来临，这种状况才发生根本性的改变。

教学与科研的功能整合是大科学时代知识功能结构转型的标志。这个时代的显著特征是科研领域的集成化，所谓科研领域的集成化是指任何一个科研问题的解决都需要多学科的协同才能完成，而知识的功能开始直接面向社会需求，此时科研人员为了适应这种变化，必须尽量扩展自己的知识面，集成化带来的必然结果就是科研人员必须对自己的相关领域有所涉猎，这就增加了科研的难度。要想做出成绩，科研人员必须付出更多的时间投入，时间分配的零和博弈势必挤占教学等其他选择的时间。对于教学而言，要想获得好的效果，必须重新配置专与博的权重，选择的困境由此发生。另外，功能整合的最大特点就是教学与科研从知识生产链条的两端开始向中间靠拢，换言之，教师的功能从单一的教学开始向科研靠拢，而科研则从单一的知识生产向知识传播（教学）靠拢，这种趋势就促成了教学与科研的整合（双轮驱动），区别在于各自的权重划分不同而已。教学科研的功能整合是时代发展的必然，而不是某种人为设计的结果。从这个意义上说，不论喜欢与否，当下的科研人员必须接受这种功能整合。

客观地说，功能整合对于教师和科研人员来说是大势所趋。对于教师而言，从传统的教学向科研靠拢，可以普遍提升教学的水准，用新知识丰富教学内容是提升教学水平的最重要渠道，这也是我们常说的用知识反哺教学的典型案例。同样，对于科研人员来说，从单纯的知识生产者向知识传播者靠拢，可以更好地用知识服务社会，并为科研发展的外围环境争取更多的认同与支持，否则，纳税人和企业为何要支持你的研究呢？国外很多著名科学家时常出现在国会听证会上，向国会介绍与阐释某些研究的重要意义，以期获得社会支持，同时这也是向公众展示新知识的一种渠道，是能够吸引感兴趣者的投资、人才加盟和同行合作的重要手段。

在实践层面，国内最近几年推行的教师岗位分类改革是一种不错的尝试，按照该方案的设计初衷，人们根据自己的实际情况和偏好，可以在如下三类岗位中做出选择：教学为主型岗位、科研为主型岗位与教学科研并重型岗位，根据岗位特点安排教学量与科研量：比如教学为主型岗位，以上课为主，科研要求比较低；反之，科研为主型岗位，以科研为主，上课为辅；教学科研并重型岗位则取折中模式。

照理说这套模式设计很合理，但是在执行过程中效果并不理想，我们通过调研发现，问题出在三种岗位的出口是一致的，即不论哪种岗位类型，在评估时都由同一个委员会做出裁决（通常是单位的学术委员会），而学术委员会的偏好是看重科研，从而导致前期政策安排所设计的岗位分类由于评估出口严重趋同，最终造成分类改革的名存实亡。解决办法也相对简单，只要在分类出口处，设置不同的评价标准即可。

真正的难点问题有两个：首先，三类出口标准如何实现等价。这个问题一旦处理不好，既会影响分类的公平，也常会出现某类岗位成为"放水"之源的情况。其次，要设计一个合理的换挡期，不能一岗定终身。每个人都可以根据自己的实际情况以及偏好在特定时期选择适合自己的岗位，毕竟熟悉哪个岗位都是需要时间的，一旦完成转型，应该允许其根据自己的意愿选择新的岗位，并按新的岗位要求完成考评。试想演艺圈在很多年前就已经出现了"两栖"甚至"三栖"艺人，科教界出现"教学-科研"功能整合不也是很正常的现象吗？

（原文发表于《光明日报》2020年9月10日第16版；

作者：李侠）

哈佛清北人才流向街道办：
"降维收割"损失了谁的利益

近日两则新闻很有趣，一则是美国哈佛大学博士后到深圳市南山区桃源街道办任副主任；另一则是杭州市余杭区的招聘公示，在2018年杭州市余杭区招聘人员的公示名单里，清一色是来自清华大学、北京大学的硕士研究生或博士研究生，他们当中一部分的入职岗位是在基层的街道办事处。

如何看待这个现象？客观地说，只要是个人基于理性自由的选择那就无可非议。所谓热议，无非是选择与人们认知中的固有价值判断不一致而已。

那么在常识中，这些拥有高学历的人该在什么位置才符合他们的定位呢？

按照法国社会学家布尔迪厄的说法，我们可以把那些高学历者看作是拥有特定学术资本存量的人。所谓高学历，是指那些积攒学术资本的时间较长、最后积攒一定量的可用于兑换的学术资本的人，机构的差异无非暗示其所积攒的资本质量而已。

在市场经济社会中，同类资本的收益率是相同的，任何人获得的收益和荣誉都是基于其所拥有的资本存量来计算的。在公众的认知中，匹配原则是最常用的价值判断准则，任何一个位置都由市场标示出特定的资本存量基准线。只有当一个人所拥有的资本存量与特定岗位匹配时，人们才认为这种选择是合适的。

当个体的资本存量与岗位资本基准线不匹配时，会有两种表现：大材小用（本文案例）与名不副实（注水现象）。

回到本文案例，人们热议的这种大材小用现象背后还可以引申出很多有趣的推论，限于篇幅，我们仅探讨其中两个问题。

第一，这种选择是标准的降维收割。外人看来是损失，实则是漂亮的理性计算。这些人拥有远超岗位（街道办）所需的资本存量基准线之上的资本存量，用公式表示就是 $\Delta C=C_1-C_0 \geqslant 0$（$C_1$ 指个体拥有的学术资本存量，C_0 指岗位所设定的学术资本存量基准线，ΔC 指学术资本的盈余量），这种超出实际岗位所需的资本存量为职业生涯带来两个好处：其一，凭借所拥有的资本优势，他们对获得该岗位具有压倒性优势（降维收割的标准意义）；其二，他们所拥有的学术资本盈余量 ΔC，可以在未来很多年冲抵由岗位门槛升高带来的危机，从这个计算来看，这种选择是非常理性的，也是收益最大化的。

第二，如果任由"田忌赛马"式降维收割泛滥化，将导致整个社会总体利益受损。从宏观上看，降维收割虽然能在局部提高基层的知识水准，但是社会收益有限。人是受环境影响的，换言之，他们影响环境的能力有限，被环境影响的可能性反而更大一些。如果全社会都采取降维收割，那么就会出现无限倒退的情况，最终造成整个社会损失的总资本盈余量是巨大的，即无数个体所盈余的资本总量（$\sum \Delta C$）没有为社会做出相应的贡献，这就是整个社会知识的巨大浪费。

从这个意义上说，我们既要抵制能力（资本存量）低于岗位要求的注水现象，也要遏制能力远高于岗位的降维收割。知识是稀缺的，也是宝贵的，我们浪费不起，那些为此感到惋惜的人，你们是否想到如果任由降维收割成为一种常态，那么普通人还有岗位吗？他们要降到哪里去呢？往大处说，我们各行各业的一线工作由谁来承担？

从这个意义上说，降维对于整个社会福祉的提升意义有限。如果说降维收割对于个人而言是利益最大化的，那么那些坚持学术资本存量与岗位匹配的人，其工作的竞争性更大、收益更不确定，很可能一生中都做不出理想的成果，尤其是那些从事前沿工作的人，他们是否也可以选择退却，或者选择降维收割？我们担心的是降维收割这种基于计算的模式是否会出现大规模泛滥？如果每一个层级的人都避重就轻降低自己的责任要求，那么整个社会是否会出现责任滑坡现象？人类社会发展史早已证明，责任滑坡是一个社会开始陷入退化与丧失活力的表现。

谈论这些并不是想站在道德的制高点上指责某个人，而是想探讨一种社会现象。我想没有哪个人乐意放弃自己从事的专业，只是可供选择的机会太少而已，为了避免这种现象的泛滥，建议有二。

其一，深化市场机制改革，扩大市场范围与提升市场质量。笔者多年前曾撰文指出，中国缺的不是知识与人才，而是真正的市场与有效的规范。客观地说，中国市场真的不大（市场不是简单的空间概念），能够提供的机会不是很多，时至今日，防止社会退化的关键举措仍是全民重拾市场理念的共识。

其二，消解官本位带来的知识封闭现象，让降维隐含的知识溢出效应得以体现。这才是一种合理的知识在社会中流动的路线图。

如果宏观格局总是迟迟无法完善，那么降维收割就是合理的，也势必要付出巨大的沉没成本（全社会的盈余资本总量）。

（原文发表于《中国科学报》2020年8月31日第1版；
作者：李侠）

科技议题"破圈"有利还是有弊？

最近几年时常出现科技议题进入社会领域并引起社会广泛关注的现象，学界通常将之称为"破圈"，即议题突破科技界原有的狭小圈子而进入更大的社会领域，并引来社会热议。

客观地说，科技界的"破圈"现象日渐成为科技活动中的常态，只要科技活动还需要依赖社会资源的支持，以及科技活动越来越侵入到人们的日常生活领域，"破圈"现象的出现就会成为一种必然。

从这个意义上说，科技发展再也回不到过去那种"躲进小楼成一统"的状态了。那么"破圈"现象对于科技界造成了什么样的影响呢？这种影响总体上是有利还是有弊？

在小科学时代，科研活动几乎完全是私人基于偏好与兴趣的行为，与社会上其他人没有多少关系，这些活动的交流也只发生在少数志趣相同的小圈子内，再加上整个社会知识基准线严重偏低，即便有人想参与，由于存在巨大的知识差距，也无法形成有效的知识交流与扩散，此时不存在"破圈"现象，一切活动都发生在小圈子内。如 17 世纪的英国化学家玻意耳，他做的许多实验都是自费的，演示都发生在极小的私人圈子内，整个社会根本不关注。

在大科学时代，由于科研活动需要社会提供大量的资金投入，研究内容也与社会生产活动和民生密切相关，科研活动与社会有了更多的接触面。再加上，20 世纪 60 年代（大科学时代的起点）整个社会的知识基准线得到普遍提高，懂得科学的人群数量也在快速增加，正如美国社会学家贝尔（1919—2011）在《后工业社会的来临》一书中所指出的：20 世纪

50 年代，美国就业人口中白领人数第一次超过蓝领人数。

此时科研活动的参与者与了解者的数量都有了指数级的增长，这就导致对于科技感兴趣的人群从核心圈层向外逐渐扩大，出现了次核心圈层与边缘圈层，这种群体知识结构的变化，为"破圈"的蔓延提供了潜在空间。

此时的科研活动也已成为一种建制化的公共行为，它既要满足自身的偏好，还要兼顾公众与"金主"的诉求，否则就存在合法性的危机，一旦离开社会的支持，科技活动将面临停摆的局面。大科学时代的科技活动是以丧失独立性来维持运转的。

科技界的"破圈"现象不是什么新生事物，它是随着社会的发展逐步出现的，"破圈"的范围在逐渐加大。早在 19 世纪中叶，以马克思为代表的知识社会学家就已经开始关注科技，时至今日，马克思那句经典命题——"社会存在决定社会意识"仍然是有效的，即关注知识生产的社会基础问题。只不过那时的"破圈"仍然局限在各大学科门类之间，这个传统一直延续到 20 世纪 20—40 年代的德国哲学家舍勒、曼海姆等知识社会学家。

1938 年，美国科学社会学家默顿发表《十七世纪英格兰的科学、技术与社会》，开始从科学的社会建制入手剖析科学的发展，这种努力一直持续到现在，时至今日也是目前科学社会学的主流。从 20 世纪 80 年代起，一些学者开始质疑科学知识本身的客观性，并提出知识的建构论主张，这就是科学知识社会学（SSK）的研究路向，所有这些人文社科学家的介入都是对传统科技界的"破圈"。

随着社会知识水准的普遍提升以及互联网的兴起、公众介入渠道的增多以及门槛的降低，世界范围内白领人数超过蓝领人数已经是一种普遍趋势，在这种时代背景下，关注科技活动的圈外人只会越来越多，从这个意义上说，科技界大范围"破圈"时代的到来只是早晚的事情，而不是会不会发生的事情。

一味地反对，甚至要求回到所谓纯粹的时代是不现实的，客观地说，现在有些科技工作者，身子已经进入了大科学时代，而观念仍然停留在小科学时代。既想从社会上获得科研所需的资源支持，又不想让研究的自由受到社会的监督与关注。在科技与社会高度嵌合的今天，这种要求是不合理的。

既然"破圈"现象是整个社会发展到一定阶段科技共同体必须面对的事情，那么"破圈"现象给科技活动带来了哪些影响呢？

如果一个现象带来的后果是弊大于利的，那么我们应该通过政策去遏制它的蔓延，反之则应该顺应社会的发展。为此，我们不妨检视一下：最近几年科技界遭遇到的有影响的几起"破圈"事件都发生在哪些领域？它们的共同特点是什么？

三年前，基因编辑技术的不当使用因严重违背生命伦理受到全社会的一致批评，这有效地遏制了这种研究的泛滥，也因此让科技伦理问题被提到议事日程上来；再比如大型对撞机事件也引发了社会的广泛关注，并由此带来了关于"到底需要什么样的基础研究"的全社会进一步讨论和深入思考；至于人脸识别、算法杀熟等技术的应用，同样引发了公众的广泛质疑，进而促使全社会对人工智能时代个体隐私以及信息安全的思考；还有最近热议的学术不端事件，此类"破圈"对于中国科技界科研诚信建设起到了很好的监督作用。

综上，最近几年发生的科技界"破圈"现象所带来的结果都是利大于弊的，试问，这种"破圈"现象应该被禁止吗？如果没有这几次大规模的"破圈"现象，科技界的问题只会越来越多、越来越严重，仅仅靠自律是不现实的。

现在需要解决的是，参与"破圈"的旁观者都关注了科技界的哪些问题。如果旁观者关注的问题不是科学内容本身，那么"破圈"现象就没有真正破坏科技界的生产环境；反之，则需要通过制度安排来加以干预，以此营造科技界正常的生产环境。

幸运的是，中国公众对于科技抱有天生的热爱，中国与国外"破圈"的最大差别在于，中国的"破圈"现象基本上不关涉科技内容本身。

通过分析上面列举的近几年发生的有影响的"破圈"现象，可以得出一个比较明确的结论，那就是"破圈"关注的都是科技活动引发的伦理问题、法律问题、学术道德问题以及资源投放等问题，而这些问题都与人们的生活秩序与福祉有关。如果一种活动的后果对于全社会来说是等概率分布的，并且关系到每个人的潜在利益，公众当然有权表达自己的意见。"破圈"恰恰是公众捍卫自己利益的一种有效路径，另外，"破圈"也是从多角度监督与保护科学持续健康发展的良方。

（原文发表于《中国科学报》2021年3月11日第5版；

作者：李侠）

学徒制对中国的启示

学徒制是一种历史悠久，但现在已经显得有些陌生的知识传递方式，如今，它的内在知识传递结构已经很少有人关注了。然而21世纪以来，西方很多发达国家却在国家层面上重启学徒制，这种政策安排的深意何在？对于正在寻求产业结构转型的中国又有何启示？

学徒制助力美国产业回流

说到学徒制的重要性，我们不妨先看两则案例。其一，采用全进口零件组装的国产车和原装进口车的质量一样吗？很多车迷给出的答案是"不一样"。问题出在哪里？显然是两边组装汽车工人的技术水平差异所致。

其二，2009—2010年，日本丰田公司爆发了大规模质量危机，虽然造成此次事件的原因有很多，但首要原因依然是公司盲目扩张导致的质量下降——随着丰田快速的全球扩张，其总部大量技术工人被派往其他工厂，技术骨干被大量稀释，导致技术水准快速下降。由此，笔者冒昧提出一个经验公式：企业技术水平的再生产能力（或复制能力）决定企业扩张的边界。

不妨看看美国是如何通过政策安排提升产业技术水准的。

21世纪以来，美国为了实现再工业化，决定重启学徒制。2009年4月，时任美国总统奥巴马在一次演讲中首次提出，将重振制造业作为美国长远发展的重要战略目标，并将其上升到关系国家安全的战略高度。2014年7月，奥巴马政府召开首次白宫学徒峰会，这标志着其正式启动学徒制教育。2017年1月，共和党的特朗普上台执政后，虽然两党执政理念差异很大,但是在学徒制上却罕见地达成高度共识。2021年,上台后的美国总统拜登也强调学徒制应成为提供关键人才的载体,以及提高美国劳动力的质量与应对国家重大挑战的手段。

在三届政府的推动下,美国学徒制计划初见成效。2015年以来,美国产业开始回流,创造力提升,整体经济表现强劲,这些成就背后不能说没有学徒制做出的巨大贡献。

学徒制的多重功能

据笔者研究,学徒制的功能主要有两个。其一,通过学徒制解决知识传递的堵点问题。如果知识的构成形式是知识=明言知识+难言知识,那么随着社会进步与学科的日益成熟,明言知识的比例将增加,难言知识的比例将减少,这种知识结构适合于大规模推广与传播,这也是传统学徒制被人忽略的原因所在。但是,难言知识仍然存在,这部分知识仍需要亲力亲为才能获得。从这个意义上说,当下要想解决难言知识的传递问题,学徒制仍然是一个有效的方式。

其二,通过学徒制保障产业技术的下限。真正决定产品是否被社会接受的关键技术指标是产业技术的下限而非上限。经过学徒制培训的工人是保证产业技术维持稳定的关键,他们最终决定了一项技术的下限。这类似于管理学中的"水桶效应",决定水桶容量的不是其长板而是其短板的高度。同理,决定一项产业技术水准是否被社会接受的标准不是其上限,而是其下限。而一个高水平的技术下限的维系是通过学徒制实现的。

这里还存在一个具有普遍性的认知误区——理论知识越丰富的地区,当地产业技术水平越高。其实不然,这是由于在知识传递的长链上存在转化堵点,即在从科学原理到技术原理,再到技术发明和产业应用的转化链条上,每一次转化都存在从抽象到具体的内容损失,尤其是从技术发明到产业技术的应用环节。此时,知识的构成中存在大量难言知识,这就是知识传递末端的堵点所在。

学徒制的一个重要功能就在于通过言传身教,把难言知识传递到具体的生产环节，从而消除知识堵点。如果缺乏这样一个出口，就可能会出现知识的"堰塞湖"现象，即所有的前沿理论知识都被堵在知识链的上游，由于缺乏有效的传递载体无法让知识下沉到产业。

这种局面会造成决策失误以及公众认知出现偏差，即：一方面，有些难题在理论上早就不是问题，而在技术实践层面却是绕不过去的障碍；另一方面，知识的"堰塞湖"造成产学研之间的脱节与互不信任。

好的分流应基于社会偏好转变

为了解决知识传递的堵点问题与提升产业技术下限，我国在教育体系实行了中学生的普职分流改革。运行多年后，普职分流的效果是否等同于学徒制呢？

我国普职分流的提法最初出自1996年颁布的《中华人民共和国职业教育法》。2014年，教育部发文，明确提出要将应届初中毕业生有序分流到普通高中和中等职业学校。

这项政策导致初中的教学与培养生态发生了根本性改变。该政策参考了德国、日本等职业教育体系比较成熟国家的做法，但各国的国情毕竟不同——上述国家的工程师与技术人员在社会中的认可度相对较高，这一点我国并不十分具备。此外，我国支撑职业教育体系的硬性基础条件与上述国家也存在一定差距，这导致家长们难以安心让孩子念职校。

2021年，《中华人民共和国职业教育法》修订草案中对"普职分流"给出了明确规划：国家根据不同地区的经济发展水平和教育普及程度，实施以初中后为重点的不同阶段的教育分流，建立、健全职业学校教育与职业培训并举，并与其他教育相互沟通、协调发展的职业教育体系。在最终版本中，修改为"国家优化教育结构，科学配置教育资源，在义务教育后的不同阶段因地制宜、统筹推进职业教育与普通教育协调发展"。

据笔者统计，截至2021年，我国普通职业本专科院校有1001所，中等职业教育学校656所，高职有在校生1468万人，中职有在校生9896万人。在目前的分流体系下，流向职业教育的学生中，有相当部分是源自考试的筛选，这也是造成职业教育的生源与社会观感都处于负面刻板印象的一个重要原因。

真正好的分流是基于社会偏好的转变实现的，而社会认知的转变又需要时间慢慢培育。因此，笔者建议可以先把一些基础条件好的职业教育单位先建设成样板单位，使局部职业教育面貌从里到外实现质的改变，并获得市场认可，让学生们获得好的收入与尊重。由此，职业教育自然会逐渐吸引优秀的学生前来。

从这个意义上说，我国目前推行的职业教育体系与真正的学徒制还有很大的区别。在知识传递的长链条上，不但存在诸多知识堵点，而且在技术下限的提升效果方面仍然有很大空间。因此，面对总量 1.1 亿多人的庞大职教在校生，重新思考中国的职业教育已成为事关产业升级与保持社会平稳转型的关键问题。

（原文发表于《中国科学报》2022 年 6 月 14 日第 3 版；

作者：李侠、霍佳鑫）

扩招研究生！步子可以迈得再大一些

又到大学毕业季，而毕业季意味着就业季。如何通过相应的政策安排，消减一年一度的就业洪峰给社会带来的冲击，就成为相关部门的重要工作。

就业是一个庞大的系统工程，绝非任何单一部门可以独立解决，但每个部门都能在职能范围内尽量挖潜，这是笔者尝试从教育视角寻找解决方案的思考背景。比如，作为人才的主要输出方，在职能范围内，教育领域相关部门不妨步子更大一点儿。具体而言，在"十四五"期间每年以10%—20%的幅度扩大研究生的招生规模，这比具体增设某些特定的岗位能够提供更多的就业机会，而且也更持久。

就当下的社会需求而言，研究生扩招势在必行，有三个条件支持这种设想。

其一，最近几年考研人数大幅上涨，仅以2023年为例，考研报考人数为474万人，毛录取率仅为16%，考虑到弃考现象，实际录取率在20%左右。据新东方发布的《2023硕士研究生招生数据解读报告》显示，2023年考研全国共有864个招生单位总计招收761 763人（不含推免及博士研究生），较2022年考研非推免招生总人数新增10 245人。这就意味着研究生扩招有巨大的市场需求。

其二，现在各招生单位都普遍存在研究生名额不足的现象，培养方扩大招生的意愿非常强烈。

第三，研究生扩招可以部分扩大内需。据相关资料介绍，中国海外留学人数最近几年维持在每年70万人左右（如2019年度出国留学总人数为

70.35 万人、2021 年度出国留学人员总数为 66.21 万人），绝大部分是自费留学，即便其中 1/3 是读研究生的，也意味着每年有 20 多万人到海外读研究生。如果相关部门的步子和胆子再大一点儿，大规模扩招研究生，并允许其中有一部分是付费的，这样既扩大了内需，又部分弥补了教育经费不足的现实，是真正的双赢。

长期来看，当下中国扩招研究生的好处，是为社会储备知识和人才，为后续经济复苏做准备。笔者一直认为，由于中国的知识与人才密度仍然偏低，无法达到转变的临界点，这就导致隐性的知识红利与人才红利无法实现；在显性层面则是产业升级与社会转型迟迟无法完成，陷入了笔者所谓的知识与成本的惯性轨道，即中低端知识与人才的异常丰富造就特定的成本优势，进而导致企业与社会形成对低成本知识与人才过度依赖的路径锁定现象。

对此，我们不妨从宏观层面看一下中国人口中受教育的情况。据第七次全国人口普查数据显示：15 岁及以上人口的平均受教育年限为 9.91 年（相当于初中毕业），大学文化程度的人口为 21 836 万人，占总人口的 15.47%。作为对比，我们不妨看看美国的情况。美国社会学家贝尔在《后工业社会的来临》一书中指出：在美国的职业结构中，直到 1956 年，白领职员总数才第一次超过蓝领工人总数。此后这两者的比例进一步扩大，到 1970 年已经超过 5∶4。

另据笔者统计的信息来看，中国全部就业人员中，具有大学专科及以上学历者占比为 22.13%，其中仅有 6 个行业这一比例超过 50%。由此可知，中国人才的密度与知识存量相比于发达国家还有很大的差距。

再以作为中高端人才的硕士在人口中的占比来说，据统计，我国千人注册研究生数（在学研究生数除当年全国人口）仅为约 2.6 人，而发达国家如美国、英国、法国这一数据保持在近 9 人的水平。从这个意义上说，我国研究生扩招是有巨大发展空间的，即便每年扩招 10 万人，平均分配到近 900 家招生单位，每家也不过是增加 110 人的规模，应该不会对培养质量与正常教学秩序形成大的冲击。而且，这个扩张规模在一定时间内是可持续的，并且效果与意义也更为久远。

　　研究生扩招是启动高等教育改革的最佳切入路径。中国的高等教育在运行模式上仍然以计划经济模式为主，高校普遍缺乏灵活性，对于市场敏感性不强；相反，欧美发达国家的高等教育大多采用市场化模式，有些举措是我们可以借鉴的。由于中国高校体量庞大，牵一发而动全身，就高校而言，本科生阶段涉及单位、人数众多。相对而言，研究生培养涉及的单位不到 900 家，在校生人数约 365 万，改革从这里切入所发生的成本要小很多，而且这种改革周期更短、距离科技前沿更近，更容易见到成效。如果说教育改革需要契机的话，那么现在就是中国高等教育改革的最好窗口期。

（原文发表于《中国科学报》2023 年 6 月 3 日微信公众号，作者：李侠）

交叉还是深耕？研究生应尽快找准自己的学术利基市场

2023年硕士研究生考试报名已于10月25日截止。

从2017年到2022年，研究生报考人数增长已超一倍，考研竞争日趋激烈。但是，对于考生来说，应该清晰地意识到，即使考研成功，学术界仍然是竞争压力非常大的领域，如何规划好自己的学术生涯，是无法回避的重要问题。

对此，笔者认为，研究生阶段最重要的事情是找准属于自己的学术利基市场。因为，只要看看当下学术上的一波波热点，就可以发现，无一不是新的学术利基市场在起作用。

学术市场的空旷处才有研究的"富矿"

所谓利基市场（niche market），本是来自经济学的一个概念，大意是指通过对市场的细分差异，利用差异优势最终获得收益。所以利基市场的本质在于形成差异优势，从而让自身在竞争中找到更好的发展空间。学术也是同理，学术市场看似很大，但不少学术空间已被"占据"，早已形成很多可见或不可见的门槛与壁垒，如果不加选择地盲从与跟随，很可能最终结果是事倍功半，虽然投入很多时间和精力，却收效甚微。

大体来说，学术利基市场的来源有两个：横向扩展与纵向深耕。前者就是近年来大热的交叉学科领域，在不同学科的交叉地带拓展新的学术空间，这个空间往往是地广人稀；后者则是指在某一学科领域内部深挖，从而创造出一个新的学术生长点,这里同样人迹罕至。学术市场的空旷处才有研究的"富矿"。

总结下来,学术利基市场具有如下几个特点:

首先,狭窄的学术领域、宽广的地域发展空间。在学科高度分化的今天,那些细分的二级学科、三级学科甚至更深入细分的学科,出现了一些非常狭窄的学术研究领域。在如此细分的学术领域会造成局部市场需求不足的现象,但是,特定狭窄领域的从业者被一次次分流,导致最终到达这里的人员数量本身就比较少,而且,任何一个冷僻的研究方向在某地的就业市场可能需求有限,但是放眼全国甚至全球,其市场需求却很大,这种趋势会在未来越来越明显。

其次,具有可持续发展的潜力。任何一个新开辟的学术市场,由于其基础薄弱,一旦早期进入者在此领域开展学术工作,就会形成比较优势,进而对于后来者形成知识壁垒与门槛,即便后来进入者逐渐增多,还可以在此基础上再次通过细分开辟新的学术利基市场,从而为自己的学术生涯提供具有可持续性的发展空间。

再次,在细分的学术利基市场上还没有形成具有垄断地位的学术权威。在新生的学术利基市场中一切都刚刚开始,还没有出现以条条框框为代表的占统治地位的研究范式,也没有那些传统学科领域中很难根治的保守主义思维模式的羁绊。这个新领域喜欢新观念,而且学术天敌比较少,一切都有待开垦。这个新的学术市场有利于思想的野蛮生长,只要回想一下 20 世纪二三十年代,在量子力学兴起的光辉岁月,一群充满活力的年轻人在这片学术沃土上纵横驰骋的景象,正是这片崭新的学术利基市场造就了一群伟大的年轻人和伟大的理论。

最后,在新兴的学术利基市场更容易脱颖而出并获得学术声誉,更为重要的是在这个细分市场更有利于积攒学术资本。换言之,在新的学术利基市场,你的投入更容易转换成学术资本,由于在新领域知识供给比较少,从而在需求市场上能获得更高的市场价格,实现事半功倍的效果。

"不怕慢就怕站"，只要坚持总会有收获

那么，每位新入学的研究生该如何找准与确立自己的学术利基市场呢？在笔者看来，主要根据以下三种资源进行选择。

首先，根据自己的兴趣和偏好作为选择的出发点。兴趣和偏好是一个人经过长期训练与塑造所形成的一种比较稳定的内在驱动力，这种精神品质一旦成型就不会轻易改变，适合进行长期的、寂寞的学术研究。

其次，充分利用导师与团队现有的研究方向与资源库存。这些前期积累是任何人开拓新的学术利基市场的基础，没有任何一个利基市场是完全凭空产生的，它们都是在原有的学术脉络上衍生出来的。

最后，对自己的学术能力要有一个准确客观的判断与定位。毕竟，任何新开拓的领域与事业都需要超强的个人能力，科学的世界本质上就是一个英雄主义主导的世界。如果不能对自己的真实能力有一个准确的把握，由此做出的选择很可能出现事与愿违的现象。做自己能力范围内的事情是所有成功的认知基础。从这个意义上说，古希腊的箴言"认识你自己"，实在是任何人都要时常反省自己的问题。如果能力不济，完全可以在传统的学术领域内按部就班地发展，没有必要好高骛远。坊间所谓"不怕慢就怕站"，累积效应是所有领域颠扑不破的真理，只要坚持总会有收获。

在学术市场中找到一个符合自己偏好、资源储备与能力的细分研究领域，这就是你的学术利基市场。一旦利基市场确定下来，就要通过研究相关文献、开会与咨询专家等方式，确证你的学术利基市场选择是否正确。这个过程要反复论证与比较，毕竟，一旦决定了就意味着时间和精力的全部投入，如果选错了会产生让人痛苦的挫折感与沉没成本。如果证明是对的，那么通过细分所形成的学术利基市场可以在短期内帮助你实现两个明确目标，其一，可以快速出成果并获得学术界的承认与优先权，从而确立自己的优势地位；其二，由于新的学术利基市场基础比较薄弱，人员很少，可以有效避开"内卷"现象，从而早早确立差异优势，并逐渐形成新的进入壁垒和门槛。当外人涌入时，还可以再次细分学术利基市场，从而

实现个人学术的可持续发展。

只要我们想想伽利略在 1609 年第一次把望远镜推向天空时，近代天文学由此诞生——对于伽利略来说，望远镜开辟了一个全新的学术利基市场，在这个领域他取得了一系列伟大的成就，直接改写了人类的自然观，所以后世的人们公认近代天文学的一半成就是由伽利略取得的。

（原文发表于《文汇报》2022 年 10 月 28 日第 9 版；

作者：李侠）

科学文化

世界科学中心转移背后的文化变迁

近代科学兴起的 400 多年间曾发生过 5 次世界科学中心转移现象，人们关注的焦点大多停留在每次科学中心涌现时的璀璨科学群星，仿佛每次科学中心都是天降英才带来的结果，人才什么时候都有，问题是为何这些英才偏偏在这个时候出现在这个地方并引起了科学革命呢？显然，在科学中心形成背后还有其他复杂的社会因素在起作用，在这诸多因素中以隐性形式存在的、也是经常被忽略的就是文化因素。

先进文化是科学中心形成的基础

文化作为一种观念与规则的集合，既为社会个体提供了行为规范与指导，又为整个社会提供了整合与再生产的思想资源，从这个意义上说，文化是一种生产性要素。我们不妨挖掘一下每次科学中心形成与转移背后的文化因素到底起了怎样的作用，这对于中国正在建设具有世界影响力的科创中心而言具有重要的借鉴意义。

第一次科学中心形成于意大利（1504—1610 年），这次科学中心形成的文化基础是建立在前期的文艺复兴运动基础上的（14—16 世纪）。从米开朗琪罗的《大卫》到伽利略的望远镜，文艺复兴实现了两个转变：其一，重新发现人。通过思想解放使人们逐渐摆脱僵化腐朽的经院哲学的桎梏，这一时期的伟大艺术作品就是最好的证据。其二，重新发现自然。人们的目光开始从宗教转向自然，只要看看这个时期的布鲁诺、伽利略等伟大学者的工作就可以真切理解文艺复兴对于第一次科学中心的形成所具有的奠基性作用。

第二次科学中心形成于英国（1660—1750年），这一时期最重要的文化现象是清教主义的确立，清教伦理的价值观鼓励人们勤奋工作、珍惜时间、节制欲望，追求真理本身就是报酬，通过揭示自然奥秘彰显上帝的荣耀。正是由于清教伦理的这种精神气质，促成了英国科学中心的形成。诚如科学社会学家默顿所言：清教的思想情操和信仰激起了合理的、不倦的勤奋，从而有助于经济上的成功，相同的结论也同样可以应用于清教与科学之间的那种密切关系。关于清教文化的积极作用有一本经典著作——默顿的《十七世纪英格兰的科学、技术与社会》，这本书中对17世纪英格兰科学家的宗教信仰做了详细分析，以有力的证据证明了清教文化对英国科学中心的形成所起到的巨大作用。

第三次科学中心形成于法国（1760—1840年），其背后的文化资源是影响深远的启蒙运动，由此理性主义成为现代人的思想标配。

第四次科学中心形成于德国（1875—1920年），以洪堡的大学改革作为文化变革的切入点，基本原则是：教学与研究的自由、教学与研究相结合的理念，这一原则带动了文化与大学的快速发展。需要注意的是，在此基础上德国科学中心比较注重科技与工业的结合。

第五次科学中心形成于美国（1920年至今），支撑美国科学中心的文化资源是来自美国本土的实用主义文化，它的纲领简洁明了：把确定信念作为出发点，把采取行动当作主要手段，把获得实际效果当作最高目的。这就把个体的生活、行动与效果有机结合起来，直接取消了那些阻碍行动的繁文缛节存在的价值，从而彰显了简单直接的文化功能。20世纪的很多伟大科技成果都是在这种文化背景下产生的。

文化变迁依托的四类载体

总结下来，5次科学中心转移背后的文化变迁大体上依托4类载体推进：文化启蒙（以意大利为代表），从下往上，初步实现使社会从神圣向世俗的迈进，极大地释放了人的创造力，由此促成了文化与艺术的大繁荣；科学启蒙（以英国为代表），从上往下流动，新科学理念的大量产生，扩展了人类的世界观，由此形成了一种全新的看世界的方式；思想启蒙（以法国为代表），中间开花，以伏尔泰、卢梭为代表的思想家在思想领域狂飙突进，各种颠覆性的思想观念大量涌现，为整个社会培育了一个具有广泛生产性功能的思想市场；工业启蒙（以德国为代表），以李比希为代表的一批科学家把科学知识投向产业，形成了很多重要产业，如化工、染料工业、汽车制造等；20世纪初美国科学中心的形成是综合多种文化载体所实现的结果，具体而言，则是科学启蒙与工业启蒙的综合运用。

4种文化变迁载体的出现与特定的社会环境有很大关系，如文化启蒙的出现是在整个社会的知识基准线比较低而且思想严重僵化、贫乏的条件下发生的，它是从社会中下层切入的文化变革，并通过受影响群体规模的逐渐累积而实现的文化整体变迁。

相较而言，科学启蒙的起点比较高，它总是发生于拥有相对成熟的科学共同体的环境下，比如英国是人类历史上率先实现君主立宪的国家，而且1660年成立了皇家学会，这种文化变迁能够在社会精英层形成一个知识的高势能区，通过溢出效应逐步实现文化的变革。思想启蒙的实现需要有一个庞大的中产阶层，然后从中产阶层开始向四处扩散最终推动文化变迁，毕竟任何新观念的最初接受者主要是中产阶级和精英。工业启蒙的门槛比较低，不需要受众有多少专门的科技知识，只要受众能够在日常生活中见识到科技的优越性以及其所带来的福祉即可，它与文化启蒙的区别在于，工业启蒙是从器物层面而文化启蒙则是从精神层面开始嵌入人们的认知，它们的优点在于受众面较大，从社会的中、下层推动文化的变迁。

中国科学文化建设的路径也可以采取多种文化载体整合的模式，具体而言，就是"文化启蒙+科学启蒙+思想启蒙+工业启蒙"。经过改革开放40年的快速发展，中国的经济与社会都取得了长足进步，科技日新月异，再加上我国的人均受教育年限已经大幅提高，第七次全国人口普查数据显示：全国人口中15岁及以上人口平均受教育年限为9.91年，相当于初中毕业的水平，已经具备了解与接受新知识的基础，这个基本面有利于推动全社会的文化启蒙与工业启蒙；我国拥有大学文化程度的人口超过

2.18 亿人，而且大学毕业生每年还在以 1000 万人的规模快速增加，这个受众群体对于科学观念、新思想与工业革命都具有比较好的理解与认同，可以在此基础上推动科学启蒙与思想启蒙。社会各层级渐次推进，宏观上就会呈现出一种具有生产性的文化生态圈，基于此，推进科创中心建设与科学文化建设的基本条件已经具备。

（原文发表于《科技日报》2022 年 5 月 20 日第 8 版；

作者：李侠）

走出创新沼泽：科技"炒概念"现象及其治理

在任何时代、任何国家，创新都是稀缺的，也是昂贵的。在缺少必要的基础支撑条件下，创新大多停留于观念层面。然而，公众对于创新的渴求却是无止境的。这就在创新的供给与社会的需求之间留下了巨大的空白地带，这个地带就是观念的沼泽地带，这个区间对于创新生态影响深远，既有创新供给方遭遇的困境，也有社会需求方被操控的苦恼。基于这种思路，本文尝试解决两个问题：其一，揭示创新沼泽地带的内涵与特征；其二，探讨走出创新沼泽地带的重要路径。

一、创新沼泽地带及其特征

沼泽本是一个地理学名词，大体是指地表及地表下层土壤经常过度湿润，地表生长着湿性植物和沼泽植物，有泥炭累积或虽无泥炭累积但有潜育层存在的土地。沼泽通常给人一种错误的印象，认为那里水草丰美、景色秀丽，其实很多人不知道那里暗含了太多看不见的危险。在科学界，同样存在很多科技的沼泽地带。从外部来看，这些沼泽地带似乎繁荣热闹，但是其内部已经发展得很成熟，在既有框架下很难再取得实质性的突破，这样的领域就是科技的沼泽地带，如杨振宁先生认为，高能粒子物理学的发展就处于"盛宴已过"的阶段。

美国科学哲学家库恩（Thomas Sammual Kuhn，1922—1996）在解释科学革命时曾提出一个很有想象力的概念——前范式时期。在这个时期，人们相信在某个领域将要出现伟大的变革，但具体是什么时候、是谁以及在哪里出现，人们却不得而知，可谓希望与失望并存。这个时期的最大特点就是存在诸多相互竞争的理论，没有哪一个理论能够"一统江湖"，成为未来的学科范式；此时也是理论界的动荡时期，各种理论竞相登台，一时间公众有困惑，学界也有激烈的理论交锋。从共时性角度看，这个时期是混乱的；从历时性角度看，这个时期的理论界是充满生机和活力的。我们可以把科学从前范式时期向范式时期转化的这一区间称为科学发展的"沼泽地带"。这期间，观念供给丰富但良莠不齐，最后某一种观念往往通过竞争胜出，其他观念则沉寂下来，再无人问津。

回到创新领域也是如此，那种完全突破式的创新很少出现，借用美国创新管理专家克莱顿·克里斯坦森（Clayton M. Christensen，1952—2020）的说法："延续性技术（sustaining technologies）和破坏性技术（disruptive technologies）之间，存在着重大战略性差异。这些概念与渐进式技术和突破式技术之间的区分还是存在很大的不同。"[①]对于这对概念间的区别，克里斯坦森并没有给出过多的解释，但是我们可以这样理解：延续性与破坏性（当下多将其翻译为"颠覆性"）更多是从创新程度角度来定义的，而渐进性与突破性的划分则是从技术发展本身的谱系上来界定的。在实践中，两者会出现很多的重合，因此，从广泛的意义上说，可以把两者视为等同，这种简化处理不影响本文的论证，而且更简洁。

科技发展的常规路径通常沿着渐进式轨迹发展，其未来结果基本上处于高概率可预期的状态，而真正的突破性科技成果很少出现，这类科技成果的出现属于低概率、高影响事件，只要做出一件来，就能极大地改变人类社会的面貌。这种类型的科技成果有些类似美国管理专家纳西姆·尼古拉斯·塔勒布（Nassim Nicholas Taleb，1960—）所谓的"黑天鹅"事件。在塔勒布看来，构成"黑天鹅"事件应当具备如下三个特点："首先，它具有意外性，即它在通常的预期之外，也就是在过去没有任何能够确定它发生的可能性的证据。其次，它会产生极端影响。再次，虽然它具有意外

---

① 克莱顿·克里斯坦森. 创新者的窘境[M]. 胡建桥译. 北京：中信出版社，2016：xiv.

性，但人的本性促使我们在事后为它的发生编造理由，并且使它变得可以解释和可预测。"①从这个意义上说，大多数预测突破性科技成果的说法都是不可靠的，就如同没有人可以预测到牛顿理论或者爱因斯坦理论的诞生一样，对很多突破性技术成果的预测也是如此。但这并不是否定预测的作用，而是说预测只有在事物处于延续性（或渐进性）创新轨道上时，其可靠性才能得到一定程度的保证。一旦离开这个轨道开始预测突破性创新事件时，大多所谓的奇迹最后几乎都变成了闹剧。

延续性与突破性之间存在一段很大的鸿沟，很难跨越也很难预测，即创新的沼泽地带。这段区间通常也是科技界的前沿地带，大凡关于科技的炒作都发生在这个区间。纵观科技史，在此区间试图跨越的案例很多，但成功者寥寥无几。如 20 世纪初的 1903 年，法国南锡大学的物理学教授布朗德洛特在研究 X 射线的时候，声称发现有一种像 X 射线一样能够透过纸、木头和金属并影响电火花的新射线，他把这种新射线命名为"N 射线"。到 1904 年上半年，仅法国科学院院刊就发表了 54 篇有关 N 射线的论文，后来美国物理学家罗伯特·伍德（Robert Wood）证明，N 射线纯属子虚乌有。再比如 2018 年 10 月曝光的美国哈佛大学教授皮埃罗·安维萨（Piero Anversa）的"心肌干细胞修复心脏"研究，后来被证明造假，所谓的"心肌干细胞"根本不存在，因此，他一并被撤销 31 篇论文，并黯然离开科学界。

客观地说，科技领域是非常保守的，取得任何一点突破都很难。但是，越是前沿领域就越具有吸引力，一战成名是众多科研人员的终生梦想，而且任何时候和任何地区的公众都对科技取得突破性进展抱有强烈的渴望和偏好。这一切都成为科技发展的内在动力之一，但是这种动力也暗含了一种违规穿越的可能性：在没有取得实质性进步的前提下，通过炒作概念的方式来迎合社会对于奇迹的偏好，并从中牟取私利。

---

① 纳西姆·尼古拉斯·塔勒布. 黑天鹅：如何应对不可预知的未来[M]. 万丹译. 北京：中信出版社，2015：xx.

二、"炒概念"是一种穿越沼泽地带的违规路径

科技发展的方向永远是从已知向未知的拓展，这也是科技进步主要采取渐进模式的重要原因。当条件不具备时，人们便无法跨越沼泽直接通达未知的彼岸。这个缓慢的跨越过程要经历无数微小进步的积累，最终才能在时间中展开，这期间需要逐步完善，实现跨越的基础支撑条件建设，比如制度环境、经济投入、人才培养、文化氛围建设与舆论通畅度等，这也是笔者早些年提出的支撑创新的五要素框架模型[①]的原因。这五要素不仅要尽量具备，而且要素之间还要形成耦合机制，只有如此，才有可能实现创新。通过累积效应，那些宏观跨越才可能实现，否则便是不可能的。历史上五次科学中心的转移都印证了这个基础支撑条件对于创新的重要性，这就如同世人皆知牛顿和爱因斯坦，但他们之所以能在17世纪的英国和19世纪的德国才有可能出现，主要是因为那里具备了支撑理论突破的基础支撑条件，而其他地方则不具备这些条件。因而，那些不具备这些条件的地方也就不可能实现这种跨越。科技发展属于条件依赖型事业，从这个意义上说，条件决定论对于科技发展而言是颠扑不破的真理。

从科技发展的现有基础条件出发，我们能够对科技发展的现状做出比较准确的判断。根据社会分工原则，每一个部门都做好自己的工作，利用政策安排，尽快弥补支撑条件的短板，从而逐步提升科技的整体实力，这对于任何国家的科技发展而言都是一条正确的道路，也是常规路径。笔者把这一过程产生的效应称为科技发展的"积木效应"，即只有每个模块都强大了，多样化了，搭建起来的积木架构才能更强大和多元化。比如，美国企业家埃隆·马斯克（Elon Musk，1971—）近年来完成了一系列震惊世界的突破性科技创新，他每一次推出新的概念构想，都会被社会寄予厚望。究其原因，主要有三点：其一，他个人拥有杰出才华；其二，他所选择的概念都是基于现有理论的延续性创新，换言之，他提出的概念及其实现路径都是有根据的；其三，美国科技行业整体上处于较高水准，基础条

---

① 李侠. 创新能力与社会基础条件的测评[J]. 科学与管理，2012，（3）：10-15.

件较为完善，能够支撑他所提出的概念，并助其实现这些概念。反之，如果把这些理念或概念放到不具备支撑条件的国家，或许都将难以实现。在基础支撑条件并不具备的情况下贸然提出一些新理念，很容易被一些人异化为违规"炒概念"，这种现象无助于科技的发展，反而会误导公众，透支公众对于科技发展的信心，最终导致对科技发展生态环境的破坏。那么，现实中有关科技的概念炒作又有什么样结构与特点？

我们不妨先对"炒概念"现象进行一个简单的结构化分析。这个炒作链条包括四个环节：概念的提出者、炒作载体、炒作者与受众。科技概念的提出者大多是科技人员，为什么他们中的一些人要把某些尚未成熟的概念率先甚至不惜夸大地推向社会？对于提出者而言，率先推出新科技概念有两大优势。其一，在微观层面，这符合科学社会学家默顿所谓的对于优先权的争夺，毕竟优先权是科学界的硬通货。先提出概念的人有利于在未来竞争中占得优势位置，其中甚至还包括巨大的潜在收益，在科技界，这已经是常识。时至今日，我们还常说某某是第一个提出这个学说的人，如被称为"大陆漂移学说之父"的德国气象学家魏格纳（Alfred Lothar Wegener，1880—1930）就是在没有确凿证据的情况下提出大陆漂移学说的，不论后来人在这个领域如何完善这个理论，他都是第一个提出者。其二，在宏观层面，率先提出某一科技概念，很容易吸引投资者，影响公众，甚至影响相关政策的制定，从而使这个领域成为学术界的热点。一旦这个现象被社会所接受，由这一概念带动的领域就会吸引大量资源与人才的到来。热点领域永远是资源的最大受益者，拥有了资源，其发展自然会加速，更有可能做出一番亮眼的成绩。在市场经济环境中，任何人都是理性经济人。在这个前提下，市场中的炒作者基于主体性质的不同，大体可以分为两类：企业的法人主体与社会中的自然人主体。无论其炒作目的是什么，其收益主要有两项：利益与关注。企业往往是市场中科技概念的热衷炒作者，至于个人炒作者，其最主要的动机是吸引人们的注意，毕竟在眼球经济时代，被关注也是一种收益。至于炒作载体，各种有效信息传播渠道都有可能成为炒作者的炒作载体。

随着网络的发展，炒作载体日益多元化，为一些人的违规炒作提供了便利渠道，科技概念炒作者由此获得潜在收益与关注的可能性不断增强。值得思考的问题是：当下一些人违规炒作科技概念的深层次根源是什么？作为下游的受众，为何如此轻易地就会被概念炒作者影响？

究其原因，大致有三：一是公众对于科技进步的普遍信任。人们生活水平和生活质量的提升无不受益于科技创造，大多数人心中都充满了对新鲜事物的好奇与渴望，尤其是在科技领域这一人类创造奇迹的领域，人类社会的每一次大的进步多源于此。因此，当有一个关于科技的新概念散播出来的时候，很容易契合受众内心的真实偏好，引起人们的关注。二是被炒作的概念大多涉及科技前沿领域，与民众日常生活有一定的距离，公众暂有的知识储备难以对其真伪进行鉴别。双方之间存在的知识梯度差容易造成人们轻信奇迹的现象，因此，这也可以看作炒作者对公众收取的"知识税"。三是权威（人或机构）的背书。基于信任传递机制，人们往往把对权威的信任转化成对权威代言的概念的信任，在鉴别能力的硬性约束下，公众容易产生盲从心态，这在一定程度上助长了"炒概念"之风。

正如美国媒介理论家尼尔·波兹曼（Neil Postman，1931—2003）所言："今天的普通人和中世纪的普通人一样容易轻易上当。中世纪的人相信宗教的权威，凡事都相信。今天的我们相信科学的权威，无论什么事都相信科学。"[①]从这个意义上说，权威机构的信任背书是存在巨大风险的。一旦信任透支，短期内将难以弥补和挽回。

炒作概念的危害无疑是巨大的。首先，炒作概念会造成虚假信息泛滥，增加整个社会的鉴别成本，且完全有可能干扰科技的正常发展，造成社会资源的严重浪费，甚至误导方针政策的制定。一旦某些炒作概念的真相被公之于众，就会造成整个社会对某个领域的极度不信任，从而使那些真正踏实做事的人和企业受到连带影响。诚如波兹曼所言："信息是我们的朋友，如果信息不足，文化受到的损害可能会令人扼腕……另一方面，如果信息过剩，信息无意义，信息失去控制机制，文化也可能会吃尽苦

---

① 尼尔·波斯曼. 技术垄断：文化向技术投降[M]. 何道宽译. 北京：中信出版集团，2019：65.

头；可惜人们才刚刚开始明白这个道理。"①

其次，炒作概念会助长浮躁心态和不良风气，导致华而不实的价值取向和实践取向，让社会公众的福祉受损。近年来，炒作概念已经成为一些个人、媒体与市场之间共谋的一种不容忽视的常态，这是需要我们予以正视并且亟待改变的现状。

我们的科技与企业大多处于延续性技术创新阶段，少有进入突破性创新阶段的科技成果与企业。从整体上看，我们仍处于创新沼泽地带，这个时候最关键的任务就是做好分工、各尽其责，尽最大努力把各自部分做到最优。基于此，科技的"积木效应"才能形成。这也是穿越创新沼泽地带最有效、最合规的路径。为了更好地展示炒作科技概念的发生空间，笔者根据史蒂文·惠尔赖特和金·克拉克的平台创新项目的结构图②，依据特定区域的认知生态位，改造出一个概念炒作发生空间图（图1）。大凡一个概念远远超越于当下的认知生态位，可以合理认定炒作的成分大于概念本身的意义。

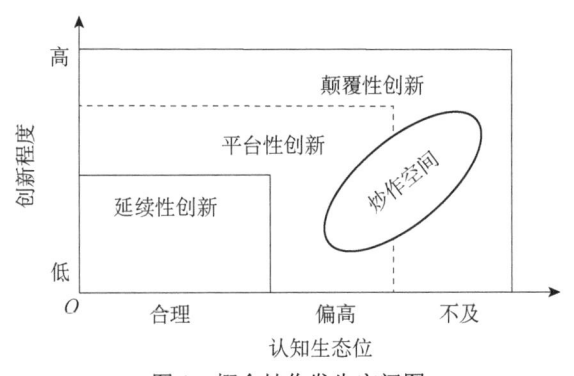

图1 概念炒作发生空间图

为了遏制炒作科技概念的不良之风，我们应该加大立法与科普的力度，从源头着手，加大整治力度，使那些恶意炒作者无处遁形，并且付出必要代价。同时也应该对那些不实概念的炒作者进行规训，更重要的是，

---

① 尼尔·波斯曼. 技术垄断：文化向技术投降[M]. 何道宽译. 北京：中信出版集团，2019：78.
② 杰夫·戴尔，赫尔·葛瑞格森，克莱顿·克里斯坦森. 创新者的基因[M]. 曾佳宁译. 北京：中信出版社，2013：203.

应该对那些真正有希望、有前景的理念进行推广。作为建制化的行为，科技工作者平素还是应该把自己的工作重心放在专业范围之内，摒弃不实之风、浮夸之风。此外，针对传播渠道，我们也应当建立相应的奖惩机制，对那些一贯靠炒作虚假概念营生的平台，要坚决予以查处整治；对于广大受众，应通过持续不断的知识科普来扩展其知识储备，提升其知识素养，尽量缩小知识梯度差，减少其上当受骗的机会。如果没有了受众，任何炒作都将失去其存在的基础。

三、结语

总体而言，每个国家由于发展阶段的差异，都处于一个特殊的认知生态位，这个生态位可以帮助我们初步判断出，在人类知识生产链条上，我们到底处于哪个方位。每个国家在特定时期都处于知识生产链条的独特认知生态位，这就决定了在不同的认知生态位，各国的创新类型也会有所不同。整体上看，中国科技以延续性创新为主，目前正处于创新沼泽的中间地带。根据当代科技发展的现状，我们在认知生态位处于中间偏上的位置，这意味着在本阶段，我们的创新类型大多以延续性（或渐进性）创新，而不是以颠覆性（或突破性）创新为主。基于这一整体判断进行审视我们就会发现：当下很多被炒作的科技概念基本上属于超出我们认知生态位的概念，其实现的可能性较小。如果任由这种炒作概念的行为肆意发展，就会使整个社会对于科技的信任不断透支。我们现在需要做的，就是集中精力，合理分工，踏踏实实在各自的专业领域做好工作，做出成效，使科技界的"积木效应"得以呈现，积少成多，到时颠覆性（或突破性）创新的出现自然会水到渠成。

（原文发表于《人民论坛》2020年第3月中期；

作者：李侠）

构建人工智能的伦理风险防范框架

2020年8月29日,埃隆·马斯克(Elon Musk)在加州弗里蒙特举行了一场发布会,正式向全世界展示了自己的脑机科学公司Neuralink对猪进行脑机接口技术的成果,可以实时监测到猪的脑电信号,遗憾的是我们还无法知道猪在想什么,但这项技术所揭示的未来太令人期待了,迅速轰动世界也是人们内心偏好的真实反映,它重新激发了人们对于脑机接口(brain-computer interface,BCI)技术的热情。

所谓的脑机接口,通俗来说就是在人(或动物)脑与外部设备之间建立直接的联系,由此形成信号的接收与发送,并实现相应的功能。按照脑机接入的方式可以分为两类:侵入式脑机接口(马斯克这次演示的就属于此类)与非侵入式脑机接口。前者的优点在于获得的脑电信号更好,便于分析与处理,而后者收集到的信号质量较差、容易受到噪声干扰。因此,侵入式脑机接口是目前国际学术研究的前沿。脑机接口已经实实在在地出现在我们的面前,随着植入大脑传感器的日益微型化、功能集成化,我们对大脑功能了解的深入,脑机融合的日趋完善,创口的微小化,以及电池功能的增强,脑机接口技术取得重大突破绝非幻想,而是一种可以预见的发展趋势。

人们之所以对脑机接口技术的发展趋势持乐观态度,是因为社会上对于脑机接口技术有着巨大的市场需求,它所拥有的潜在商业价值是推动该项技术发展的重要推手。仅就目前可以想象得到的应用来看,脑机接口市场前景广阔,下述三种情形是最有可能优先发展的领域,如果该项技术成熟,那么日益困扰老年人的阿尔茨海默病将得到极大缓解;修复残疾患者的大脑缺陷,从而实现部分身体功能的恢复;还可以实现治疗抑郁等精神疾病,更有甚者,可以实现神经增强功能,如大脑的计算速度与记忆能力都是远超人类的,如果未来植入的芯片与大脑更好地兼容,那么人类的计算速度与记忆能力都将得到根本性的提升,制造超人不再是梦想。上述三种情形在科学上几乎都有成功案例。如对残疾人来说,通过意念实现部分功能,这类实验成功的很多,如已经被广泛采用的脑深部电刺激技术,这就是大名鼎鼎的"脑起搏器",其原理就是通过植入脑部的电极向大脑的特定部位发送电脉冲,这一技术主要用于治疗帕金森病和强迫性精神障碍等疾病,已经被美国食品药品监督管理局批准。

再比如,美国著名的视觉脑机接口专家多贝尔(William Dobelle,1941—2004),他研究的皮层视觉脑机接口主要针对后天失明的病人。1978年,多贝尔在一位男性失明患者杰瑞(Jerry)的视觉皮层植入了68个电极的阵列,并成功制造了光幻视(phosphene)。被植入阵列后,失明患者能看到清晰度以及更新率较低的图像。如果说多贝尔的工作是40年前技术的体现,那么现在这方面的研究也有了最新进展,失明患者看到的视野比以前要好许多。有理由预测,随着一些关键难题的突破,视觉脑机接口将惠及更多的失明患者。

还有科学家把人造海马体植入到因海马体受损而丧失记忆形成功能的老鼠脑中,并成功让老鼠恢复了部分记忆形成功能。基于上述案例,我们大体上可以清晰判断出脑机接口技术正在向日常生活领域扩散,一旦有技术上的突破,这种趋势将无可逆转。

问题是脑机接口技术虽然具有如此广阔的应用前景,但也不可避免地带来某些人类从来没有遭遇过的伦理困境。对此,瑞典数学家奥勒·哈格斯特姆曾指出,脑机接口技术带来的两种常见的伦理问题是:隐私和认知能力的"军备竞赛"。关于隐私问题,这已经成为高科技时代具有普遍性的伦理困境,每一次技术升级,都会导致隐私状态随之发生改变。从人类历史上看,从农业社会、工业社会到后工业社会,人类的隐私是逐渐缩小的。总体而言,技术进步导致公共领域扩张,而私人领域日益被技术侵蚀，隐私也随之日益变小，人变成了透明人，隐私的消失也就意味着个人自由的萎缩。对于脑机接口技术而言，这种情况尤为紧迫。一旦通过大脑植入设备，可以轻易获取我们大脑内的电信号，其内容完全可以被破译出来，这就导致有很多个人或机构想要获取这些信息，从而利用这些信息实施对我们基于特殊目的的操控，如商家的促销、管理者对于雇员的监视等。这种过程是渐进的，在温水煮青蛙效应中，人类的隐私一点点失去，我们不知道这是否就是人类为技术进步所必须付出的代价。上述担忧绝非杞人忧天，据资料介绍，1999年斯坦利［Garrett Stanley，现在埃默里大学（Emory University）任职］教授，在哈佛大学通过解码猫的丘脑外侧膝状体内的神经元放电信号来重建视觉图像。他们记录了177个神经元的脉冲列，使用滤波的方法重建了向猫播放的八段视频，从重建的结果中可以看到可辨认的物体和场景。同理，利用这套技术也可以重建人类的视觉内容。看到这类实验，你还认为脑机接口所引发的隐私问题还很遥远吗？更何况遥远并不意味着不可能。

再来说说由脑机接口所带来的认知能力的"军备竞赛"问题。由于电脑在精确计算、数据传输与记忆方面比人类的表现强很多，那么，随着技术的发展与完善，总会有一些人尝试在大脑中植入一些芯片，使自己的能力与计算机的能力进行整合，这将造就认知超人。我们正常人再怎么努力也无法达到电脑所具有的记忆能力，这种事情一旦开始就无法停下来，从而陷入"军备竞赛"的游戏框架，因为没有人敢于停下来，否则他将被淘汰。问题是这种神经增强完全打破了人类由自然选择以来所形成的所有关于公平的规范。此时优秀将不再是对于人的能力的褒奖，而是对他植入大脑的设备的褒奖。那么人类的价值又何在呢？也许影响更为深远的是，脑机接口技术的"军备竞赛"式滥用，还会造成整个社会分层的固化，毕竟任何新技术在早期都是昂贵的，其最初的使用者大多是有钱有势者，这种现实决定了脑机接口技术会更深层地造成社会的固化，从而使社会秩序遭到毁灭性的破坏。

以脑机接口技术为标志的人工智能（AI）发展引发出一系列我们目前

尚无法完全预料到后果，它事关人类的未来，因此，必须从伦理层面对它的发展进行有目的的约束。2020年上半年，美国五角大楼正式公布人工智能的五大伦理原则，即负责、公平、可追踪、可靠和可控。这个说法作为伦理原则没有错，但是如何在实践中落实，仍存在很多不明确之处。为此，我们需要构建一套全流程的伦理规范机制，把伦理责任分解，采取分布式伦理，即人工智能从制造到应用每个环节都承担相应的伦理责任，只有这样，人工智能才能最大限度地既增进社会的福祉，又把其潜在的风险最小化。目前的调研与研究显示，在新技术发展的进程中，每个人的责任都是有限的，但是其后果却是严重的。人类对于微小的恶的不敏感性，导致最初对风险呈现出整体的麻木状态，到后来小风险的累积就成为高科技面临的严重伦理问题。这已成为一种风险扩散的普遍模式，为此，我们需要构建一个新的伦理责任体系。

人工智能本身的复杂性，以及未来发展的不确定性，导致人工智能责任的明确归属变得更为困难和模糊，如何防范其可能带来的风险也就变得越发困难，甚至会出现无法追责的伦理缺席现象。因此，传统的针对单一主体的伦理规范原则开始失灵，为此我们必须构建一种新的伦理约束机制，从而实现对人工智能从前端、中端到末端全覆盖的有效伦理风险防范机制。为此，我们借用一下英国伦理学家卢恰诺·弗洛里迪提出的分布式道德概念构建人工智能的伦理风险防范框架示意图。根据这张框架示意图，我们可以把人工智能伦理风险防范分为三部分：首先，是前端的AI设计者的伦理责任（责任1，简称R_1）；其次，是中端使用者的伦理责任（责任2，简称R_2）；最后，是末端受众的伦理责任（责任3，简称R_3）。

我们不妨假设人工智能所引发的伦理风险总量用公式表示为$\Sigma R=R_1+R_2+R_3$，其中，$R_1 \geqslant R_2 \geqslant R_3$。这三段式伦理分布的规约机制分别是：①对于设计者而言，他有多种动机（从善、中性到恶的选择），这一部分伦理风险要通过具有强制性的政策手段（严重违规就上升到法律规约）来遏制，所有负责任的创新都从动机上防范伦理风险的发生；②对于使用者而言，他要为自己的使用承担相应的伦理责任；③受众作为社会成员，有监督人工智能使用的间接责任（个体责任最小，但是由于公众数量庞大，无数微小的努力汇聚起来就是强大的伦理风险防范力量）。责任2与责任3的激活需要利用科学文化的规训作用。在高科技时代没有人是旁观者，只有伦理责任的全覆盖，高科技的伦理风险才会被最大限度地遏制，具体内涵见图1。

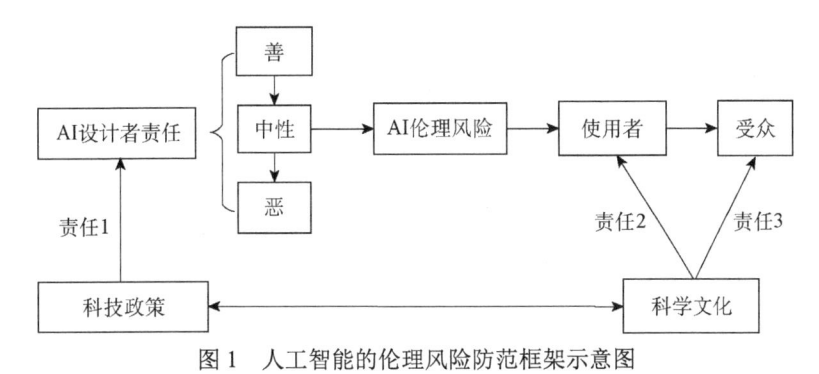

图1　人工智能的伦理风险防范框架示意图

（原文发表于《科学画报》2020年第12期；

作者：李侠）

剩余风险最小是科技伦理的长期目标

在大科学时代，科学作为最重要的社会建制积聚了大量的知识、人才与资源，一旦某个领域出现重大技术性突破，在互联网时代信息流通与获取如此便捷的当下，不可避免地会引发其他领域迅速向其周围集中，并由此形成资源汇聚效应。若此时这个全新领域尚无可以被普遍接受与认同的新规范来引领共同体的行为，在规范真空状态下，在外部无序竞争与内在强烈渴望获得承认的双重激励下，极易出现群体失范现象。而科技伦理就是最大限度防范科技领域出现群体失范的屏障。这几年出现的区块链热、元宇宙热等带来的问题，无不说明了这种热点引流现象。如果仅仅在科技资源流动层面出现无序还好处理，问题是这些科技活动所带来的潜在后果却是无法预料的，这也是小科学时代无法想象的情境，那时一项重大成果出现往往要"孤独"存在很多年，由于学科间发展梯度的广泛存在，周围匹配的知识、人才与资源都很少，不会造成多大的资源损失以及引发不可控的潜在后果，如19世纪60年代孟德尔通过实验所发现的遗传定律，要30多年后才会被世人所认可。

客观地说，当下科技伦理问题日益受到社会各界的关注，绝非杞人忧天，而是我们已经到了这样一个时代：以5G、大数据、人工智能、脑机接口、神经增强等为代表的第四次工业革命正渐次展开，不确定性离我们从来没有像今天这样近。人类对于自身的未来必须要有一种理性的自觉，毕竟未雨绸缪总要好过临时抱佛脚的慌乱。科技的目标就是最大限度地增加人类的福祉，而科技伦理的目标则是最大限度地捍卫共同体的行为底线以保障科技向善的前进轨道不跑偏，因此，两者并不矛盾，是相辅相成的。众所周知，任何科技创新其后果总是存在或多或少、或明或暗的风险，而有效的科技伦理行动路线就是充分调动各层级主体的自觉性，逐级降低科技活动带来的潜在风险，从而实现科技成果的剩余风险最小化的目标。

在整个科技创新链条上存在四类行为主体，分别是科技创新者、政策制定者（兼有监督管理职能）、消费者与公众。为了使科技伦理的目标得以实现，可以通过建立分布式伦理责任框架，使科技创新在整个链条上受到多方利益主体的伦理约束，从而实现创新引发的风险在分阶段流程上被有效消解，并最终达到剩余风险最小化的目标。

毫无疑问，在创新链条上各类主体承担的伦理责任是不同的。对于科技创新行动者来说，由于自身认知的局限，总会面临非主观意愿的后果，而这些后果会带来巨大的潜在风险。过去十年间，国际上流行的负责任创新理念就是针对这个环节而提出的，2018年中国一些科技企业与学者共同提出了"科技向善"的理念，也是针对此问题而来的，问题是自我监督与约束在监管层面总是存在信息不对称带来的约束不足现象，因此，必须扩展伦理责任的谱系，实现广谱科技伦理。伦理责任的合理嵌入与配置可以很好地化解这种风险，为此，可以把伦理风险防范主要分为四个部分：一是位于前端的科技创新者的伦理责任（简称 R_1）；二是并行位于前端的政策伦理责任（简称 R_2）；三是位于创新链条中端的使用者（消费者）的伦理责任（简称 R_3）；四是处于创新链条末端的受众的责任（简称 R_4）。另外，将其他伦理风险记为剩余风险（简称 R_5）

鉴于各类伦理主体承担责任大小的不同，我们不妨把科技创新所引发的伦理风险总量用公式表示为：$\sum R = R_1 + R_2 + R_3 + R_4 + R_5$。其中，各级伦理主体的责任大小排序如下：$R_1 \geq R_2 \geq R_3 \geq R_4$。这四段分布式伦理的规约机制分别是：①对于设计者而言，他有多种动机（从善、中性到恶的选择），这一部分伦理风险防范既要通过创新者的自觉，还要通过具有强制性的政策手段及广大公众的全方位监督，从而实现所有负责任创新都是从动机处开始检视其伦理风险发生的可能性；②对于政策制定者与监督者来说，他对任何新技术的立项都要通过各级伦理委员会的审查，通过资源的调控与政策的负面清单机制最大限度地遏制风险的发生；③对于使用者而言，他有通过自己的使用提供真实反馈意见的伦理责任；④对于处于科技伦理末端的社会大众而言，他有广泛的监督科技创新后果的间接责任，保卫社会是每个人的责任。道德思考通常有两个维度——直觉的与批判性的，对于公众而言，不需要掌握高深的科技理论，可以凭借一般的、公认的道德直觉做出基于直觉的评判，这点很重要。生活中有无数科技伦理问题是通过公众的直觉判断得到解决的。对于人文学者而言，可以采用批判性的道德思考方式倒逼科技伦理永远走向上的道路，比如60年前蕾切尔·卡逊出版《寂静的春天》，凭借其批判性的道德勇气吹响全球环保运动的号角。

当下的科技创新与科技伦理的连接与嵌合仍处于松散状态，导致科技创新的风险防控机制几乎处于严重滞后状态，为了实现创新与伦理的有机融合，必须采用分布式伦理责任结构，从而使科技创新的剩余风险最小化，这种自觉努力的回报是相当可观的，既可以促成全面向善的有效科技研究，又可以规避盲目跟风科技所带来的机会与资源的损失，基于此，才能保证中国的科技自立自强之路始终处于向善、高效与有序的发展轨道上。

（原文发表于《光明日报》2022年3月17日第16版；作者：李侠、吕慧云）

科技行稳致远需打两针伦理"疫苗"

日前,联合国教科文组织总干事阿祖莱任命来自世界各地的24名专家,负责制定首个全球神经技术伦理框架。之后所有会员国将对其进行讨论,以期在2025年11月教科文组织大会第43届会议上通过这一全球伦理框架。

在科技迅猛发展的当下,人脸识别、脑机接口、大数据、人工智能等前沿科技逐渐成为社会热词,这表明科技领域正处于一次巨大变革的前夜。一旦某项关键技术取得突破,科技界将迎来意义深远的连锁式科技革命,随之而来的则是规范的真空地带。此时,制定科技伦理的规训措施就成为当下最紧迫的工作,否则很可能出现不可控的巨大风险。这绝非危言耸听,我们不妨回顾一下21世纪以来主要发达国家对未来科技发展趋势的研判。

21世纪初,世界范围内的科技发展出现了加速与汇聚并存的现象。早在2003年,美国就发布《用以增强人类功能的技术的汇合:纳米技术、生物科技、信息技术及认知科学(NBIC)》报告。2004年,欧盟又发布《技术汇聚:塑造欧洲社会的未来》报告。进入21世纪第二个十年,欧美相继提出人工智能的研究规划,如2016年美国发布《国家人工智能研发战略计划》,3年后又发布《国家人工智能研发战略计划:2019年更新版》;2020年欧盟发布《人工智能白皮书》。这些标志性文件的发布,使人明显感觉到世界各国对新科技的发展趋势已做出肯定性研判,而这些报告无一例外都有关于科技伦理问题的章节。

为何各国不约而同地关注科技伦理问题呢?

在我们日常生活中不难发现，各种高科技带来的伦理问题向社会各个领域日益扩散，如基于大数据算法的杀熟现象，就是典型的利用算法不透明性实施的价格歧视。再比如，各大平台利用收集的客户信息实施广告与商品的定向推送。这些违背公平与伦理的活动，其边界基本维持在个体道德忍耐力的范围之内，即使你愤怒，考虑到申诉的巨大成本，也懒得去起诉。这种小恶是以量大面广的累积方式获取非法利益的。正是为了防止此类困境的扩大，欧盟出台《一般数据保护条例》，并于2018年5月生效。随后多国跟进，对个人数据进行立法保护。

随着人工智能的快速发展，其引发的科技伦理问题更加难以处理，如情侣机器人的出现是否会对现有家庭结构与人类爱情观造成冲击？机器人杀手是否具有存在的合理性？能否让人工智能全面参与战争？从2016年至今，联合国未就《特定常规武器公约》在成员国之间达成共识。2022年，我国发布《关于加强科技伦理治理的意见》，标志着中国在政策层面开始切实关注科技伦理问题。

回到个人层面，高科技带来的伦理问题日益凸显。例如，最近几年全球都在关注的神经增强技术，就涉及一个根本性问题：个体是否有权利根据自己的意愿改造自己的身体？这是否会对人类千百年来形成的秩序与个体尊严造成致命的打击？如果放任此种技术的滥用，是否会引起神经增强领域的"军备竞赛"？此前的基因编辑婴儿事件已经引发过激烈的伦理讨论，最近火热的脑机接口技术同样引起诸多担忧。

2020年，马斯克创立的Neuralink公司在猪身上演示了脑机接口技术，实现了对猪行为轨迹的精准预测。2021年，该公司又利用脑机接口技术展示了猴子用意念玩模拟乒乓球游戏。随着相关技术取得巨大突破的可能性增加，以及大量资本的涌入，脑机接口技术的发展速度会大大加快。但是，未来脑机接口技术一旦发展成熟，我们每个人都必须考虑几个严肃的问题：隐私与个体的自主性如何捍卫？如何保证我们头脑中的信息不会被恶意窃取？我们是否会在外部信息的操纵下丧失个体的自由意志？因此，未雨绸缪对高科技的健康发展而言永远是必要的。

目前，各国关于科技超常规发展的趋势已形成共识，对其带来的风险与不确定性的担忧也随之增加，因此必须从政策层面最大限度消除这种风险的可能性。这也表明以往的伦理规训并不成功，如学界一直提倡的负责任的创新与科研的理念，在实际操作层面落地并不理想。以往的策略充其量是治标之策，仅具形式与象征意义。如何实现科技伦理的标本兼治？笔者认为，必须给科技活动打上两针伦理的"疫苗"。

第一针是国家层面的制度性长效伦理"疫苗"。首先，通过政策明确科技活动的目标，要体现国家意志并树立国家形象，即国家希望科技活动能够最大限度地增加社会福祉并造福人类；其次，国家通过设立明确的伦理靶标，将科技建制整体的"状态-结构-绩效"轨迹始终维持在向善、有序与高效的轨道内。道理很简单，在科技资源稀缺与政策工具强制性的约束下，只有符合国家意志的科技活动才能获得支持，否则很难有生存空间。制度的强制性约束使科技共同体选择向善而非向恶的科技活动才是理性的，这既避免了资源损失，又凝聚了科技共同体关于善的共识。

第二针是个体层面的责任伦理"疫苗"。众所周知，科技伦理在微观层面能够全方位约束科技人员的行为选择，它所依据的规训载体有三类——资源、成果与目标。借助这三类载体，每位科技从业者的行为选择从初始阶段就处在规训的探照灯下：任何科技主题在开展之前都需要通过伦理委员会的审查，如果不符合伦理原则就无法获得资源支持；对研究产出的成果进行市场评价，如果不能增加人类福祉与知识就无法进入市场。这对所有科研人员而言都是一种实实在在的约束。

试问这一套"组合拳"打下来，还有多少人敢以身试险？责任原则在个体心中的内化保证了科技向善不再是空洞的许诺，而是一种牢固的认知习惯。伦理不是科技的敌人，而是保驾护航的伙伴。

（原文发表于《中国科学报》2024年5月28日第1版；
作者：李侠）

中国科技转轨信号的释放与表现

2018年出台的《国务院关于全面加强基础科学研究的若干意见》指出,"充分发挥基础研究对科技创新的源头供给和引领作用,解决我国基础研究缺少'从0到1'原创性成果的问题"。2020年3月,科技部等部门联合制定了《加强"从0到1"基础研究工作方案》。2021年5月28日两院院士大会暨中国科协第十次全国代表大会召开,习近平总书记指出,"坚持把科技自立自强作为国家发展的战略支撑",同时强调"要加强原创性、引领性科技攻关,坚决打赢关键核心技术攻坚战。基础研究要勇于探索、突出原创,拓展认识自然的边界,开辟新的认知疆域",要"强化国家战略科技力量"。[①]这一系列战略安排凸显出科技体制变革的大潮即将来临,其切入点的核心就是加强基础研究,这也是中国科技体制与科研范式转型的明确信号。

全国从上到下对基础研究的高度重视与认同,是科技至上思潮最突出的表现

回顾历史,中国科技体制改革在1985年拉开序幕,《中共中央关于科学技术体制改革的决定》提出,"在大力推进技术开发工作的同时,加强应用研究,并使基础研究工作得以稳定地持续发展"。邓小平同志在全国科技工作会议上发表了题为《改革科技体制是为了解放生产力》的讲话,再次肯定了"科学技术是第一生产力",并提出科技面向经济主战场的战

---

① 习近平. 2021-05-28. 在中国科学院第二十次院士大会、中国工程院第十五次院士大会、中国科协第十次全国代表大会上的讲话. http://www.gov.cn/xinwen/2021-05-28/content_5613746.htm[2021-05-29].

略转向。当时科技发展的主要任务是推进经济与社会的发展，且那一时段的中国科学知识储备状况及人才状况也决定了中国科技只能选择从应用研究切入。这次科技体制改革通过激励机制的改革客观上给中国经济与社会的发展提供了充足动力，直接决定了中国经济 30 多年的快速发展。这个阶段的科技发展路线是以应用研究为主，并确立了与此相应的研究范式。2000～2020 年的研究与试验发展（R&D）的数据可支撑这一结论，R&D 投入强度与 GDP 之间存在明显的正相关关系，即随着科技投入的增加，GDP 也随之增加。这也进一步暗示现代经济的发展是建基于科技之上的，这种关系加强了人们对于科技投入的信心。根据国际通用规则可知 R&D 由三部分构成：基础研究、应用研究与试验发展，这三部分投入对于经济发展的支撑作用分别是怎样的呢？对此，我们根据以往的数据对 R&D 投入中各类别投入与 GDP 之间的相关性做了一个简单线性回归分析，得出结论：基础研究投入与 GDP 产值之间具有弱相关性（0.1958），这与基础研究的性质有关。应用研究投入与 GDP 产值之间具有高度负相关性（−0.8157），这说明应用研究与 GDP 之间没有直接联系，且其功能完全是科学知识内部的一种调适与验证。换言之，它维系了从基础研究到试验发展研究之间的桥梁，这部分投入对经济增长存在明显挤出效应。试验发展研究的投入与 GDP 之间具有高度正相关性（0.7435），意味着这部分投入的功能是知识向现实生产技术与产业技术的跨越，直接促成了科技向第一生产力的转化。

世界主要发达国家的 R&D 构成中，基础研究、应用研究与试验发展经费的比例为 15%、20% 与 65%，这个比例在我国长期维持在 5%、10%—15% 与 80%—85%。这一对比反映了我国基础研究投入长期偏低，导致基础知识供给不足，进而需要向试验发展阶段转化的知识也比较少，这也就解释了我国的应用研究经费投入长期偏低的原因，再加上应用研究与经济增长之间存在的强负相关关系，故这一矛盾一直没有得到足够的关注。我国长期在试验发展研究的投入上维持全球最高的比例，也凸显了中国知识生产向生产领域转移的短链发展模式。这种模式的缺点就是由知识前端（基础研究）到知识后端（试验发展）距离太远，再加上作为知识传递链条中端的应用研究过于薄弱，导致后端的知识供给很难出现前沿知识与技术。从这个意义上说，应用研究就是把知识从前端向后端输送的转化器。根据现有研究，可证明科技健康发展的理想状态是三种研究（知识）之间的传递链条的长度维持在一个合理的区间，为实现目标，就需要新的科技发展路线图与新的科研范式。

传统的从应用研究切入的科技发展模式，也是国际上较常见的科技发展路径。但在追赶任务基本完成时，这种模式就面临一种无法回避的困境，即支撑应用研究的上游链条中的基础研究进展缓慢，缺乏重大成果涌现，此时世界范围内应用研究面临滞涨局面，看似繁荣，但下游链条却没有重大突破出现。原先的科技发展路径显然是无法为下一步发展提供动力的。对后发国家而言，这种从应用研究切入的发展路径由于长期的成功，逐渐形成一种群体认知定势，会导致整个社会出现路径依赖问题。另外，这种转轨困难还来自于现有知识的成本惯性约束。突破成本惯性轨道需要外部力量来推动，仅凭自身内部动力实现转轨几乎不可能。对当下中国而言，这个外部驱动来自于技术"卡脖子"这一导火索，再加上中国发展科技事业的举国体制，迅速成为推动中国科技发展路径转轨的契机。回首2021 年，全国从上到下对基础研究的高度重视与认同，就是这一思潮的最好体现。

科技自立自强正在快速从理念层面向实践层面转化，一种新的科技生态正在形成

一旦全社会开始认识到基础研究作为知识源头的作用，那么加强基础研究就需要理念与实践的双向推动。知识获取的渠道无非两种：从外部引进与自主研发。外部引进渠道获得知识的成本较低，通常包括学习成本、转运成本与传播成本等。但这条路径易受外部环境影响，一旦环境变得不友好可能会出现引进困难的局面。另外，长期从外部引进知识，还易造成科技共同体研究范式的习惯性依赖，会对国家科技创新能力的提升产生长期负面影响。自技术"卡脖子"事件发生以来，这条路径开始面临危机，此时，第二条路径——科技自立自强就成为最值得期待的替代路径。这条路径可最大限度避免习惯性依赖，有利于激发科技共同体的创造性与独立的知识生产能力。对当下中国而言，短期内从完全依赖跨越到完全独立，还需经过一个中间阶段——既合作又自主的阶段。可以预见，这种模式将维持较长一段时间，这也是国家采取扩大开放政策获取知识红利的目标所在。

如何看待科技的自立自强，这是一个根本性的认识问题。首先，从历史上看，任何国家科技的自立自强都大体上经历了三个阶段：低水平的自立自强、中等水平的自立自强与高水平的自立自强。这三种模式大体对应了农业社会、工业社会与后工业社会。其次，一个进化的系统必须是开放的，科技的自立自强绝不是要制造一个封闭的系统，而是被孤立状态下的一种战略安排，即便被孤立，也要充分利用与制造一切机会加强国际科技合作，这恰恰是实现科技自立自强的有益补充。最后，科技自立自强可看作是一个国家发展科技的底层逻辑与总体方法论。不论采取哪种路径，其最终目标都是要实现科技发展，只不过由于环境的变化导致发展模式发生改变。

为实现科技自立自强的成功转轨，其物质载体是什么？习近平总书记指出："强化国家战略科技力量，提升国家创新体系整体效能。世界科技强国竞争，比拼的是国家战略科技力量。国家实验室、国家科研机构、高水平研究型大学、科技领军企业都是国家战略科技力量的重要组成部分，要自觉履行高水平科技自立自强的使命担当。"[①]如果说吹响基础研究的号角，强烈释放出科研范式转型正式启动的信号，则其直接承载者就是国家战略科技力量，因而基础研究必须调动科技头部力量来破题。近几年国家强调的国家实验室建设、大科学工程、重点国家研究机构的改革、双一流大学的建设以及对科技领军企业的充分肯定等，都体现了中国科技体制在

---

① 习近平. 2021-05-28. 在中国科学院第二十次院士大会、中国工程院第十五次院士大会、中国科协第十次全国代表大会上的讲话. http://www.gov.cn/xinwen/2021-05/28/content_5613746.htm[2021-05-29].

物理载体层面正在经历深刻的转轨，以此全面支撑原创性知识生产、高端人才培养及创新驱动发展战略目标的实现。支撑科技发展路径转轨的物质条件有了，还要从僵化的评价体系中为广大科技人员松绑。为此，近三年来，多部委联合发布破"四唯"、破"五唯"的通知，就是要从评价机制方面解放科技人员，并引导科技人员从传统科技发展范式向新科技发展范式转型；再者，近几年基础研究经费的逐年增高，这些都表明科技自立自强正在快速从理念层面向实践层面转化，一种新的科技生态正在形成，新的科技发展范式的样貌已清晰可见。

加强科学文化建设，塑造新环境变量，为未来社会发展提供可持续支撑

科技自立自强目标的实现，除了需要物质条件的准备之外，国内环境中，支撑科技自立自强的文化环境也是非常重要的变量。这种支持科技发展的文化显然不是中国传统文化的简单翻版，而是与科技活动有更多亲缘关系的科学文化。

任何文化自诞生之日起都会经历萌芽、鼎盛、衰落与萧条的循环，我们把完成由盛转衰这个过程的时间称作文化半衰期。文化为避免陷入由盛转衰的不可逆的退化过程，大多采取改变文化结构、积极吸收新要素，使文化范式保持进步性，从而实现文化范式的转型并以此保证文化的活力与繁荣。中国传统文化有过辉煌灿烂的时期，每当到文化半衰期时，我们都会主动或被动地进行改革，延续中国文化的伟大传奇。改革开放以来取得的伟大成就足以证明文化变革的深远影响。自党的十八大明确提出创新驱动发展战略以来，亟需一种相匹配的文化来提供环境支撑，否则在旧的文化范式下创新驱动发展战略很难充分展开，这就是科学文化思潮出现的历史背景。

近两年在国内学术界热议的新文科建设，在 2021 年以政策形式正式出台。2021 年 3 月，教育部印发了《教育部办公厅关于推荐新文科研究与改革实践项目的通知》，用经费支持的方式启动了新文科建设。之所以会出现新文科热潮,其诉求很明确:要适应新时代哲学社会科学发展的新要求,推进哲学社会科学与新一轮科技革命和产业变革交叉融合。这种文化的破立清晰表明,旧的文化范式已不能有效支撑科技革命与产业变革,更无力全面支撑创新驱动发展战略的实施,建设新文化具有基础性作用。文化建设从来都是大工程,不可能一蹴而就,需要久久为功。

习近平总书记指出:"科学成就离不开精神支撑。科学家精神是科技工作者在长期科学实践中积累的宝贵精神财富。"[①]科学家精神内涵丰富,仅就从事科学研究事业而言,最重要的品质就是科学家们淡泊名利、潜心研究、甘坐"冷板凳"的奉献精神。而科学精神的精髓在于批判与怀疑精神,这些宝贵的精神品质都集中体现在基础研究领域。这是科学知识的源头,从事基础研究是一项探索未知的事业,充满艰辛和不确定性。在这个领域要取得突破,必须要有自由探索意识、批判与怀疑精神,还要耐得住长期的寂寞与孤独。基于此,我们可深切体会到国家推进基础研究的两个目的:一是为人类知识库存增加原创性知识;二是通过基础研究,塑造一种有利于创新驱动发展战略目标实现的科学文化。由此,我们可发现促进科技发展在政策安排层面的发展路线图,即通过基础研究提升科技自立自强的能力,在这个过程中建设科学文化,为未来社会发展提供源于科技的可持续支撑。

(原文发表于《人民论坛》2022年第5月下期;

作者:李侠)

---

① 习近平. 2020-09-11. 在科学家座谈会上的讲话. http://www.gov.cn/xinwen/2020-09/11/content_5542862.htm[2020-09-12].

基础研究该基础到什么程度

最近，重视基础研究，并加大基础研究已经形成一种共识。这种思路的理论基础是美国科技政策专家万尼瓦尔·布什（Wannevar Bush，1890—1974）早在七十年前提出的线性模型的体现，即基础研究成果有助于应用研究成果的产出以及最终大规模商业化发展。因此，基础研究被看作是一个国家的知识储备池，如果知识储备不丰富，其他的都成为无源之水、无本之木。在国际形势波诡云谲的当下，为了不受制于人，加大基础研究的紧迫形势已处于箭在弦上不得不发的状态，尤其是在当前很多产业遭遇"卡脖子"技术约束的背景下，提升基础研究能力已成突破发展瓶颈的最佳出路。为了防止出现基础研究的泡沫现象，从而影响科技发展的正常节奏。

那么在推进基础研究的战略安排中，我们需要注意哪些问题呢？

科技界对研究类型进行分类是很晚近的事情，我们非常熟悉的R&D（研究与试验发展）分类标准来自经济合作与发展组织（OECD）于1963年在意大利小镇弗拉卡蒂召开的一次会议。在那次会议上，专家们提出把研究的类型分为：基础研究、应用研究与试验发展研究。这就是当下全世界都在采用的指标。客观地说，这个分类标准在今天看来还是有些粗糙，尤其是在基础研究的分类上，后来美国学者斯托克斯（Donald E. Stokes，1927—1997）在1997年提出新的划分，即纯粹基础研究（玻尔象限）与"由应用引发的"基础研究（巴斯德象限），他的分类原则是基于对基本问题的理解与应用两个维度来划分的，所谓的巴斯德象限，是借用法国微生物学家巴斯德（Louis Pasteur，1822—1895）的工作类型所引出分类方法，意指原本是为了解决现实的应用问题而开展的基础研究，最后完成由应用向理解本质的转变，这个标准比《弗拉斯卡蒂手册》更为切合实际。

随着我们对于科学活动理解的逐渐加深，未知世界的更丰富内涵与更多元化的展开方式也得以显现，在此基础上，可以把基础研究划分为：表层基础研究，仅涉及难度较小、动用资源较少的研究；中层基础研究，涉及难度适中、动用资源中等的研究；深层基础研究，是指难度较大、持续时间不确定、需要动用巨大资源的研究。

按照这个分类标准，巴斯德象限类的基础研究就属于中层基础研究。基于这种简单结构分析，当一个国家决定从战略层面加速推进基础研究时，需要考虑如下三个条件是否具备，否则很容易出现政策失灵现象。

首先，准确研判当下的科学发展现状。按照科学哲学家托马斯·库恩的说法，科学发展的历程通常是在常规科学时期与危机时期交替中完成的，二战以后，鲜有改变世界的重大理论突破出现，很多学者甚至认为科学在基础理论方面已处于显性停滞状态，当下的发展更多是技术的横向扩散。据此不难理解，我们当下的科学发展阶段仍处于常规科学时期，此时最该做的工作就是利用现有理论去解决问题，而不是挑战现有的主流理论。其次，开展深层基础研究需要具备雄厚的物质基础支撑条件，主要包括人、财、物的存量状况与基本科研制度的保障。从这点来看，我们真正在世界上处于科学前沿的人才数量有限、基础研究投入多年维持在占R&D的5%的投入强度，短期内难有大的改变，而适合基础研究的评价体系与相关制度安排尚不完善；最后，科研发展的路线图可以有多种选择模式。对于我们这样的发展中国家来说，路径的正确选择往往比决心和热情更重要，这点尤为值得警惕，否则，非理性的盲目投资基础研究就是一场以牺牲未来为代价的豪赌，这个代价我们付不起。由是观之，限于各种基础支撑条件的硬性约束，一段时间内我们的基础研究战略主体适合选择表层与中层这个级别的基础研究，这类基础研究与我们现有的科技能力比较匹配。比如我们最近两年遭遇到严重的非洲猪瘟疫情，以及新冠疫情等，都急需基础研究来解决。

对于中国这样的发展中国家而言，合适的基础研究路径选择对于创新驱动发展战略的落地至关重要。如果布什线性模型正确的话，那么若没有合适的基础研究成果，就没有原始创新的涌现，也就无法形成累积性创新。当下累积性创新的困境在于，缺少基于知识的初始创新，导致后续创新乏力。英国经济学家凯瑟琳·洛基（Katharine Rockett）认为：初始创新为其自身的后续发展奠定了基础，也就意味着从初始创新到二次创新阶段具有正外部性。从社会角度来看，初始创新为一系列后续创新创造了可能，而其全部收益则主要来自后续创新累积获得的利润，并最终为消费者带来福音。至于中层基础研究与深层基础研究之间的划界问题，这倒是需要学界来加以仔细论证的一个技术性问题。也许更为重要的是，这种安排可以最大限度地布局基础研究的范围，从而避免出现基础研究的空白领域。

无数科学史案例的研究已经表明：基础研究不是越基础越好，只有适合自身条件的基础研究才是最有效的，也是最好的。当下切记不可盲目跟风。

（原文发表于《光明日报》2020年11月5日第16版；

作者：李侠）

基础研究发展是否陷入了停滞

前几日接受一位记者采访，该记者的问题是：为什么现在没有像20世纪初那种如相对论、量子力学类的重大理论涌现呢？基础研究是发展完备了，还是陷入了一种发展瓶颈？如果不是发展完备了，那么这种放缓是什么原因导致的？这确实是一个好问题，也是笔者最近五年一直在思考的问题，借此契机，不妨谈点个人的看法。

基础理论的发展是否已经陷入停滞状态了？这是一个经常被人们提起但又常被误解的话题，其实这个问题很复杂。基于科学哲学的基本理论，笔者认为：以物理学为代表的基础研究仍然处在发展与进步中，只不过这些进步不是颠覆性的进步，而是延续性的进步。物理学的整体发展阶段仍处于常规科学时期，换言之，现有的物理学范式仍处于生命的壮年期，并没有遇到太多的反常与危机，它在这一阶段的使命就是利用现有的范式去解决更多的难题，而不是颠覆旧范式，那个时代还没有到来。

梳理科学史的线索，可以清晰地发现从牛顿范式的建立（1687年）到爱因斯坦范式的建立（1905年）人类足足等了218年，这期间有无数科学家在牛顿范式下工作，也取得了很多杰出的成就，但是没有哪个人的声望可以超越牛顿，牛顿范式只是到了19世纪末才真正遇到挑战（物理学天空出现两朵"乌云"）；现代的物理学范式从创立到现在也不过100多年的时间，远没有到理论生命的枯萎期。利用这个范式，人类在过去的一个世纪里取得了无数伟大的成就，到目前为止该范式还没有遇到有分量的反常与危机。因此，现代物理学的进步仍有很大的发展空间，并没有达到所谓的瓶颈阶段。

那么是什么原因导致物理理论发展看起来放慢了脚步呢？笔者认为，造成这种认知错觉的原因有两个。

其一，每一次科学革命过后，新范式带来的科学研究空间都以指数级别扩大，如同天文学从太阳系扩展到银河系后面临的情况。研究领域扩大的两个证据是：①成果的指数级增长。根据美国科学计量学家普赖斯（Derek John de Solla Price，1922—1983）的观点，近代以来，科技文献按指数规模增长（后期增长率会变小）。如果把文献数量的大幅增加与学术空间的扩大联系起来，我们就可以提出一个假设：每一次科学革命过后，其学术空间的增长也是按照指数级增长的。如果这个假设成立的话，那么，20世纪初物理学革命之后所释放的学术空间范围，相比于牛顿革命时代的学术空间范围呈指数级别的增长，我们不妨看看20世纪初物理学的研究范围和今天相比是非常狭窄的，那时的物理学研究基本集中在原子核物理与统计热力学等少数领域。当下按照最新的《学科分类与代码》（GB/T 13745—2009）来看，物理学作为一级学科，下设16个二级学科、108个三级学科。从这个意义上说，当下物理学的研究空间与100年前相比扩大了几十倍，换言之，在当代物理学范式下仍有很多领域亟须深耕，物理学理论的世界远没有到无事可做甚至可以马放南山的阶段，由于这些研究都是在现有范式内的工作，所以很难出现颠覆性理论。②计算能力的指数级增长。根据摩尔定律，每隔12—18个月，计算机的处理性能就会翻一番，而价格不变。简言之，当下人类的计算能力每两年翻一番，即便如此，仍有很多科学问题亟待解决，这同样间接证明物理学的研究空间巨大，在如此强大算力的加持下，仍然还有无数的工作尚未开展就是明证。

其二，科学家人数增长的优势被巨大的研究空间分流了，导致重大成果出现的可能性并没有显著提高。现代物理学家的数量比牛顿以来至20世纪中叶所有物理学家的数量总和还要多，为什么这么多人仍没有取得具有革命意义的颠覆性重大理论突破呢？不是现代物理学家不聪明，而是因为现代物理学领域呈现出高度的专业细分现象，使得庞大数量的物理学家被众多细分的研究领域所分流，从而导致研究能力与强度被稀释。这些细分的领域几乎都是全新的领域，仍处于现代物理学范式之下，起步较晚，导致研究还没有真正触及新范式的边界，就如同水手在茫茫大海上航行，走了很久仍没有看到陆地，然后就开始怀疑自己是否还在前进，同理，从直观上，我们感觉当下物理学的进展放缓了，其实它仍在快速进步中，放缓只是人类认知错觉造成的误判结果而已。

关于基础研究与人才集聚的问题，人们经常拿一幅著名照片来说事，即1927年10月第五次索尔维会议的合影，照片里包括爱因斯坦、居里夫人、普朗克、玻尔、玻恩、薛定谔等几十位物理学家齐聚。为什么那个时期能够产生如此多的科学巨匠，而今天却很少见了呢？

这是一个典型的时态错置问题。20世纪20年代正是现代物理学革命建立新范式时期，在新范式确立的初期，整个物理学空间在新范式的探照灯下到处都是未开垦的学术荒地，机会多多，而历史的吊诡之处在于，恰好在那个时期，这些最聪明的大脑都把目光投向了这块未开垦之地，而且领域高度趋同，没有产生智力分流现象，结果形成了研究能力与智慧的高度聚焦，从而产生了众多丰硕的成果。革命时期自然会以英雄来注释那个时代，而和平时期的英雄会以另一种方式呈现，那个时候有爱因斯坦、薛定谔，而我们这个时代有比尔·盖茨、乔布斯、马斯克。你能说当代这些人不是英雄吗？

这几年全社会形成的一个共识就是加强基础研究，那么基础研究到底有什么用？抛开美国政策专家布什关于基础研究的线性模型不谈，即基础研究促进技术发展然后带来产业振兴的线性知识转化链条，仅从研究本身而言，基础研究为所有科技活动提供了基础规范与认知基准线。我们还是以物理学为例，物理学一直是科学版图中发展最充分也是最成熟的学科，它也是人类智力最为彰显的领域。物理学的成就为所有科学研究树立了一种行业典范，以及人类智慧成果的最佳知识样本（势能最高）。物理学的发展水平代表了一个国家在自然科学领域的认知高度，它的发展状况直接决定了该国认知短板的位置。

最后，聊几句中国基础研究的现状与改革路径问题。客观地说，近代科学（尤其是基础研究）是西方的舶来品，我们与西方在起点上就存在很大差距。从科学史角度来看，如果说哥白尼 1543 年发表《天体运行论》标志着近代科学革命的号角吹响，到 1642 年伽利略去世，可以看作是第一次科学革命的大幕已经拉开，再到 1687 年牛顿发表《自然哲学之数学原理》标志着第一次科学革命的真正完成，那么同期的中国正经历从明末到清初的社会剧烈变革时期，整个社会的认知基准线急剧下降，即便从牛顿时代算起，我们在基础研究理念上整体落后西方 300 多年，这个判断应该没有多大出入。从 19 世纪末开始的这个追赶过程到目前为止还没有完全结束，我们还需要花时间把西方 300 多年间关于物理的意识与认知真正学来，然后才有可能实现超越，现在仍然处于学习阶段，毕竟从知道到理解还有很长的认知鸿沟需要跨越，这种跨越既需要知识的积累，也需要天才的涌现。当下最需要做的就是营造良好的科研环境，让科学家们静下心来，心无旁骛地去思考万物背后的道理，假以时日，这份安静自然会获得惊喜的回报。基础研究就是一个国家进行科研活动的知识银行，也是推进科技事业必须修炼的基本内功，全世界概莫能外，在这个领域，我们仍在路上。

（原文发表于《中国科学报》2021 年 1 月 25 日第 1 版；

作者：李侠）

基础研究"从 0 到 1"的三道门槛

基础研究"从 0 到 1"的话题逐渐升温。这是一个很重要的问题，但推进基础研究发展是一项复杂的系统工程，远非一句隐喻就可以涵盖，在笔者看来，要真正改变基础研究的现状，需迈过三道门槛，否则"从 0 到 1"是无法轻易跨越的。

首先是认知门槛。这与基础研究的特点有关。通俗来说，基础研究是探索未知事物本质的研究，它与当下的应用尚有很遥远的一段距离，越基础离现实越远。从这个意义上说，一味追求所谓的"从 0 到 1"的跨越是不现实的，科学史的研究已经充分证明这点。

为了清晰地阐明这个问题，不妨把"从 0 到 1"划分为三个发展阶段：0—0.5、0.5—1、1—N，这三个阶段是人类从事基础研究的常规认知路径。

所谓 0—0.5，是指完全没有办法预料、也无从精准关注的现象，在这个阶段内猜测、假说与臆想并存，这类基础研究最终被确认的很少，它的发源地通常处于人类认知的高势能区，它的出现是偶然的，也是不可计划的，就如同没有人知道下一个牛顿和爱因斯坦会在什么时候出现。但即便如此，它大概发生的区域还是可以研判的，这个区域通常是在科学知识水平很高的地方发生。

0.5—1 这个阶段恰恰是基础研究最为活跃的阶段，问题已经逐渐明确，但是到目前为止谁也没有解决该问题，这个阶段已经越过了盲目寻找问题与确证问题的阶段，剩下的就是耐心等待一种新理论或新方法的出现，这个阶段是可以通过政策扶持来加快其发展速度的。而 1—N 阶段则是典型的跟风式研究模式，这个阶段的基础研究虽然创新性的难度降低了，但是新领域的扩展同样是有价值的，比如与互联网有关的各种衍生技术的发展都属此类研究。

其次是文化门槛。由于基础研究成果的变现性比较差，从事此类研究需要一种献身与探索精神，而这种激励功能主要是由文化来提供的。从某种意义上说，文化门槛所设定的特有精神气质或特质决定了人们选择研究的类型与目的。以功利主义文化为主导的世俗文化很难激起这种出世的情怀。因此，我们必须改变急功近利的功利主义文化，才能为持续推进基础研究提供一种源于文化的内驱力支持，否则是不可能产生群体偏好激活的。由于文化提供的激励作用是缓慢而持久的，这也与科学探索过程的漫长与艰辛相契合，只有文化范式转型才能为从事基础研究的人提供最稳定的驱动力，对于中国而言，我们需要用科学文化来改造传统文化，从而为基础研究的被接受与认同提供理性的支持。文化特质尤其是对于 0—0.5 阶段的原始基础研究热情的产生至关重要。

再次是政策门槛。大科学时代以来，科技的形态与发展模式都发生了根本性的改变：大团队、大投入、大设备、大目标与大风险，科技的发展一刻也离不开政策的支持，从这个意义上说，政策已经成为科技发展的最大外生变量，从宏观到微观都是如此。那么政策如何调控基础研究的发展呢？途径无非有三：其一，通过资源配置结构的改变达到推进基础研究的目的。这里的资源大体包括如下几类：经费、人才与承认等。这类政策工具调控力最强，而且政策受众对其最敏感；其二，通过政策设立新的评价体系，以此改变人们的行为选择；其三，通过政策推行一种有利于基础研究的文化，以润物细无声的方式重塑科技工作者的价值观。假以时日，从而达到改变社会认知与从业者偏好的目的，最终实现推进基础研究的目的。

因此，基础研究实现"从 0 到 1"的转变，远没有想象中的那样简单，它的实现需要跨越诸多门槛，否则一切只是纸上谈兵。对于当下的中国来说，我们该如何具体地推进基础研究呢？

在推进基础研究的征程上，我们要清醒地认识到，此轮基础研究的热潮是一种被动的结果，而不是科技发展到了瓜熟蒂落的阶段。由于"卡脖子"技术的突然涌现，让决策者与有识之士意识到，一个国家的基础研究水平直接决定了其基础创新水平，这是典型的万尼瓦尔·布什的线性科技发展模式的变体，即基础研究决定应用研究，最后决定产业化水平的一条线性发展路径。因此，为了使基础研究取得实质性的进步，如下几点是必须要考虑到的，否则只能导致事倍功半的效果。

其一是明确政策发力的空间在哪里。笔者认为，政策的长期目标应该是在全社会塑造一种适合基础研究的新文化，政策的中期目标是通过有形的政策工具促使资源配置结构的改变与调整，以此实现对科技共同体偏好的再造，从而增加基础研究的力量与规模；政策的短期目标是设立新的评价体系与激励机制，有效引导科技共同体参与到具体基础研究问题中来。

其二是明确基础研究的哪一个阶段是政策可以直接调控的。笔者认为，基础研究的 0—0.5 阶段是没有方向和目标的，对此政策无法精准施策，但要给这部分研究留有一定空间，因此，这一阶段的主导权应该留给科技共同体，让其自行处理。政策真正应该关注的是基础研究的 0.5—1 这个阶段，此时问题已经明确了，就看各个博弈者的资源投入与政策安排是否得当了。比如当下的新冠疫情，导致疾病的冠状病毒已经很明确，就看谁能有效解决这个问题了。这个阶段的基础研究相当于斯托克斯所谓的巴斯德象限，即由应用引发的基础研究，这也是笔者多年来一直强调中国的基础研究应该从这个层级切入的原因所在。至于 1—N 阶段的拓展性基础研究，这部分可以完全交给市场来处理，毕竟市场才是创新的主战场。

其三是基础研究的布局切忌出现跃进现象。基础研究是很奢侈也很艰深的研究，当下，在人财物以及知识的储备上，我们可以开展深入基础研究的领域与资源都很有限，短期内这种局面不会有根本性的改观，因此必须警惕一窝蜂式搞基础研究。客观地说，我们真正可以开展前沿性基础研究的优秀科学家数量有限，每年 R&D 投入中基础研究占比常年维持在 5%—6% 之间；再有，在前沿知识领域我们处于领先位置的并不多，这些家底决定了我们的基础研究不能搞大跃进模式,在适度冗余的情况下,基础研究的推进必须坚持精准化的理念,而不是粗放地全面铺开。这就意味着很多领域、很多地区以及很多人是没有能力开展高级基础研究的,这部分任务只能由少部分领域的少数人来完成,这种研判符合当下中国科技发展的实际。

(原文发表于《光明日报》2021年10月14日第16版;
作者:李侠、霍佳鑫)

盘点基础研究家底
谨防出现无序与内卷

过去三年，中国政府与科技管理部门已经从上到下为基础研究的推进做足了前期的铺垫工作，加强基础研究已成为全社会的共识，再配合举国体制的传统优势，一轮基础研究的热潮正在悄然到来。为了迎接这股浪潮，切实推进基础研究局面的彻底改变，当下科技管理部门亟须做好如下两项工作：首先，全面盘点国内基础研究的家底，在此基础上合理布局；其次，谨防科技界出于抢热点而出现的混乱与无序，以及过多力量涌进后带来的严重内耗与内卷现象，需要为基础研究从制度安排上营造出一个相对安静的空间。

盘点中国基础研究的家底应包括人、财、物、领域与制度资源这五项内容。首先，盘点支撑基础研究的人才、资源与制度安排的现状。任何研究要取得进展，人才都是第一位的，因此，盘点国内基础研究人才队伍的现状是当下最紧迫的任务。为此，我们可以粗略地按照学科来划分，列出相应学科的基础研究人才的现有库存规模，并在此基础上采取动态排名制，列出后备人才梯队。只有进入此序列的，才有资格获得国家相关基础研究计划的资助，以此最大限度地杜绝机会主义倾向对于基础研究环境的冲击。

现代科学研究一刻也离不开经费的支持，而且对于科技共同体而言，经费是最敏感的政策工具，摸清中国基础研究投入的家底与发展趋势是做出科学决策的重要边界条件。《2020年全国科技经费投入统计公报》数据显示，2020年全国共投入研究与试验发展（R&D）经费24 393.1亿元，R&D经费投入强度为2.40%，其中，基础研究经费投入1467.0亿元，占R&D经费的6.0%，这也是近年来首次达到6%。基础研究经费投入主要靠政府财政经费支出，科技投入中政府财政投入部分里中央与地方的投入比例大体维持在4∶6的范围，即便假定基础研究部分全部由政府财政投入支持，并且中央财政投入占大头，中央与地方按6∶4的比例投入，由此换算下来，中央财政的基础研究投入大体在880亿元，余下的基础研究投入来自地方政府的财政支出。由此看来，当下全国用于基础研究的有效经费投入也就在900亿—1000亿元，这个投入规模决定了基础研究不能全面开花。在可以预见的未来，基础研究的投入也不会有太快的增加，预计"十四五"末期能达到8%已是很努力的结果，即每年增加0.5%（约120亿元）。因此，这个投入规模的硬性约束以及现有的基础研究人才队伍规模，决定了中国的基础研究短期内只能采取有限扩张和精准突破的模式。

其次，要明确哪些基础研究领域是当下亟须精准突破的。众所周知，由于学科分化以及交叉融合的广泛出现，基础研究领域是非常广泛的，而且发展水平参差不齐，出于效率与重要性方面的考虑，当然应该选择在那些基础比较好，或者重要性已经被充分证明的领域发力。这就意味着很多基础研究领域仍然必须维持在自然进化状态，只有少数被挑选的领域才能得到政策探照灯的关注。考虑到笔者曾对基础研究做过一个简单分类，即在"从0到1"的基础研究链条上，应该划分出三个阶段：在0—0.5阶段，以完全自由探索为主，不需要政策过多的关注；在0.5—1阶段，这一阶段是问题已经明确的基础研究领域，这一阶段对政策调控最敏感也是最能发挥政策效力的阶段，当下的基础研究安排应该主要围绕在这一阶段；至于1—N阶段的基础研究，给出政策导向即可，其运行完全交给市场来运行。因此，基于资源的硬性约束，不是所有领域都能得到政策倾斜的。因此，需要客观摸排哪些领域具有比较优势以及与国计民生密切相关，从中挑出可以重点政策扶持的领域。在这个过程中应该防止各种社会因素对于选择的干扰，对此，我们不妨采取罗尔斯的"无知之幕"原则来处理，最大限度地屏蔽掉各种社会因素对于所选领域的人为干扰与污染。

其实，即便基础研究处于0.5—1阶段，看似问题已经很明确了，但其最终结果仍有可能是失败的：只要回顾一下20世纪70年代美国推出的攻克癌症的宏大基础研究计划的失败就可以印证这种风险是确实存在的。1971年，美国总统尼克松为了向建国200周年（1976年）献礼，希望用五年时间攻克癌症，签署了《国家癌症法案》，并为此项目投入16亿美元预算，但结果证明这项计划是失败的。这也是人类历史上首次希望通过国家政策安排来解决基础研究问题的经典失败案例。

坦率地说，基础研究是一项很奢侈的研究类型，它的实现既需要一定的知识储备、方法、设备、人才与文化环境，还需要从业者自身拥有独特的研究品位与格调，尤其后者是需要多代人的培养与塑造才能形成的，传统都是非短期内可以实现的。当下中国科技界人员增长速度远远快于经费的增长速度，一旦某个领域出现资源的快速增加，自然会引发科技共同体的集体无意识的"淘金"现象，这就不可避免地造成基础研究出现制度性的由冷变热的速热现象。在各种政策与制度建设不完善的情况下，揠苗助长政策促使各类人才不约而同地涌向基础研究领域，造成基础研究领域出现"虚胖"，然后哄抢那点宝贵的科技资源，结果不但事倍功半，还会破坏基础研究原有的安静氛围。这是我们必须要避免的。基于这些考虑，在有序推进基础研究的过程中，我们要把基础研究的家底摸清，防止出现无序、内卷与滥竽充数现象，真正为基础研究留出一个安静的空间并塑造一种独特的科技品位与格调。

（原文发表于《中国科学报》2021年11月24日第1版；

作者：李侠）

激励机制与评价决定基础研究的未来

在政策的导引下,基础研究很快将会成为中国科技的下一个热点领域。为了使其健康有序地发展,避免出现"一窝蜂"以及滥竽充数现象,需要设计与制定合理的基础研究的激励机制与评价标准。这是最直接的调控工具,应该认真对待,否则很可能会出现事倍功半的结果。

我们需要探讨如下两个基本问题。首先,从事基础研究的动机偏好与激励机制如何设计?其次,基础研究成果如何评价?

基础研究是探究事物本质的研究,其成果离市场化应用很遥远,这也就意味着此类研究商业化和变现的能力都比较弱,而且其成果的取得存在巨大的不确定性,它存在的意义在于拓宽人类的认知视野与增加人类的知识库存。从这个意义上说,从事基础研究是需要热爱和情怀的,毕竟发自内心的热爱是所有动机中排在首位的要素。在功利主义甚嚣尘上与量化考核越来越精细化的双重挤压下,如果没有特殊的制度安排,基础研究事业很容易萎缩,很少有人乐意从事。毕竟,作为理性人在市场经济中是要追求利益最大化的,而从事基础研究的成果和收益是不确定的,如何评价他们的努力就成为一件很困难的事情。

有效的激励机制应该把从业者的个体偏好与激励靶标匹配起来,只有这样,基础研究队伍才能维持在一个稳定的规模并实现可持续发展,从而为整个科技大厦源源不断地产出基础性知识。

基于这种理念,笔者认为在基础研究的激励机制设计中要考虑如下两个问题:首先,研究队伍的适度冗余原则。换言之,要保障基础性知识供给的连续性,要适当地扩大基础研究队伍的规模,避免人才队伍出现大起大落现象，并始终维持在一个适度宽松的规模。按照偏好程度，基础研究人才的队伍结构可分为三层：核心层、中间层与外围边缘层。根据边际效用原理，在科技共同体中有一部分人既可以从事基础研究又可以从事应用研究，从队伍结构来看，这部分人处于外围边缘层。在政策调控下，一旦从事基础研究的收益是稳定的和可预期的，那么这些人会从应用研究领域撤回到基础研究领域，反之亦然。其次，通过激励机制形成知识蠕变效应。所谓的知识蠕变效应是指在持续稳定的微小投入刺激下，经过时间的累积作用，最后带来基础研究局面的重大改变。

为了使上述激励机制的设计目标平稳落地，需要对基础研究进行细分。笔者曾根据研究的不确定性与难度把基础研究"从 0 到 1"的突破划分为三个阶段，分别是：0—0.5、0.5—1 以及 1—N 阶段。

基础研究的 0—0.5 阶段的最大特点就是漫无目的地探索未知的研究，完全无法规划与预测，它理应由科学共同体中最具理想主义情怀的个体来承担，科学史的研究已经无数次证明这类人在任何时代都是比较稀少的，他们是基础研究队伍的核心圈层。那么，在这一阶段，国家只需要辅以不计任何回报的适当投入即可。

在 0.5—1 阶段，由于研究的目标已经很明确，此时需要由那些持现实主义理念的科技共同体成员来完成，这是基础研究队伍中的基本盘（中间层），同时也是基础研究投入中的主战场，其绝大部分投入由国家提供，所谓世界范围内的科技竞争主要在这个阶段内展开。

至于 1—N 阶段的基础研究，这部分研究属于基础研究成果横向扩散与拓展阶段，由于基本科学原理已经明确，它完全可以由基础研究团队中持功利主义理念的外围人员来完成，从而加快实现从科学原理向技术原理的转化，这些基础研究队伍中的外围人员通常是指那些介于基础研究与应用研究之间的科研人员，他们的归属方向完全由两个相邻研究领域的边际效用来决定，即哪个领域边际效用高就向哪个领域转移，这种现象也是基础研究活跃度的重要检验指标，理想状况下，它的投入主体应该主要由市场来提供。

由于基础研究各阶段成果产出的不确定性与差异性，对基础研究产出的评价必须考虑时间折扣效应。所谓时间折扣是指人类倾向于对更远的未来发生的结果赋予更低的价值，由此导致我们在评估中更喜欢即时满足而无法忍受延迟满足。遗憾的是，基础研究成果不像应用研究成果，前者要在遥远的未来才能看到它们的价值，而后者往往能立竿见影般很快就显示其价值，这就不可避免地导致在评价中，我们经常对基础研究成果给予低的评价，而对于应用研究成果给予高的评价。

这种评价的差异会影响科技共同体成员对于收益的计算。因此，对基础研究产出的评价必须是基于回顾性的、历史角度的。这就需要从制度安排上对于基础研究成果的评价给予补偿，只有这样才能冲抵评价中由于人类认知造成的时间折扣效应，从而向科技共同体成员传达明确的激励信号：承认可以迟到，但永远不会缺席，而且回报可观。

同时，笔者认为，在推进基础研究的过程中，要避免出现三种情况：首先，警惕科技界的机会主义盛行。政策倾斜带来资源投入的增加，易导致以哄抢资源为目的的投机分子大量无序涌入，从而破坏基础研究的研究范式和脆弱的生态系统；其次，在基础研究中设立研究"特区"。尤其是在 0—0.5 阶段的基础研究，利用政策工具稳定核心人才队伍、稳定基本投入，超长周期评估，这部分的投入要完全基于无功利性目的来运作，甚至抱着颗粒无收的决心，这是国家为获得新知识、新思想必须付出的成本；最后，要避免由于懒政的短视把应用研究成果的评价模式简单移植到基础研究领域的做法。毕竟从功利主义评价模式向理想主义评价模式的转变是一种彻底的认知转变，也是灵魂拷问。而这些我们已经遗忘得太久了。

（原文发表于《光明日报》2022 年 2 月 24 日第 16 版；

作者：李侠）

基础研究不要让应用研究再空转了

自 20 世纪 60 年代以来，学术界把科研活动划分为基础研究、应用研究与试验发展研究三种类别。这个分类标准已经被全世界广泛采纳。

在整个科研链条的上下游，各类研究分别承担不同的功能。如基础研究负责提供新观念、新理论；应用研究负责验证、完善这些上游的观念和理论，并向下游转化这些理论和观念；而试验发展研究则把那些被验证过的、成熟的理论和观念转化为现实的技术产品并推向市场，由此完成科技造福人类的循环。当全社会无差别地分享到科技带来的诸多福祉与进步时，又会更乐意投资科技，甚至会把这份投入提高到很高比例［研究与试验发展（R&D）投入/国内生产总值（GDP）］，这就是科技投入能得到持续支持以及有序运行的底层逻辑。

现在全社会都在倡导加强基础研究，那么如何证明这一观点是有道理的呢？还是回到科研活动本身寻找证据。我们不妨先看看应用研究的现状，再揭示我国应用研究低效的根本原因，从而证明当下加强基础研究已经到了刻不容缓的阶段。

为了揭示基础研究与应用研究之间隐秘的深层关系，我们需要用一些数据进行实证分析。众所周知，R&D 投入对于 GDP 具有正相关性，即科技投入有利于经济增长。但这只是宏观效果，其内部具体细节仍然不清晰。因此，我们需要知道在整个科技链条上，哪一部分科技投入直接助推了经济增长。为此，不妨用美国和中国在过去 21 年间（2000 年至 2020 年）R&D 投入与 GDP 数据之间的关系做对比说明。

美国在过去的 21 年间，基础研究投入平均占 R&D 投入的 17.2%，应用研究投入占 R&D 投入的 20.2%，试验发展研究投入占 R&D 投入的 62%左右，与国际主流科技发达国家的三者占比趋同（15∶20∶65）。那么，这三类科研支出与 GDP 的关系又是怎样的呢？

统计分析显示，美国基础研究投入占 R&D 投入的比例与 GDP 之间存在显著的负相关性（相关系数为-0.7128），这就意味着基础研究的投入与经济增长存在反向关系，即基础研究投入越多，经济表现越差，反之亦然。

这个结论符合我们对基础研究的常识认知。同理，应用研究占 R&D 投入的比例与 GDP 之间也呈现弱负相关性（相关系数为-0.4385），即应用研究投入越多，经济表现越差。这点与我们的直觉完全相反，甚至是大家根本意识不到的。

最后，我们再来看看试验发展研究投入占 R&D 投入的比例与 GDP 之间的关系，二者之间呈现弱正相关关系（相关系数为 0.4906）。换言之，试验发展经费的投入直接有助于经济增长。这与我们的常识观念是相符的，即科技投入有助于经济增长。其实，这部分贡献主要来自于试验发展经费的投入，因为只有这部分研发投入最接近市场，从而带来经济增长。

问题是，没有上游新观点与新理论的产出（即便上游知识来自外部），又哪来下游试验发展的活跃呢？下面我们按照同样的顺序看看中国科技投入各部分与经济增长之间的关系。

中国基础研究投入占 R&D 投入的比例与 GDP 之间存在明显的弱正相关性（相关系数为 0.1928）。这是与美国完全不同的结果，也是跟我们的常识完全相反的。这一结果显示远离日常生活的基础研究成果对经济增长有贡献，这说明中国的新观念、新理论比较缺乏，导致任何研究都有经济价值。

第二个指标，应用研究占 R&D 投入的比例与 GDP 之间存在强负相关性（相关系数为-0.8164）。这与美国趋同，所不同的是美国呈现弱负相关性，而中国呈现为强负相关性。这也再次证明在上游知识生产环节，中国存在明显的知识供给严重不足现象，导致应用研究处于低水平重复与低效状态。

在第三个指标上，试验发展经费占R&D投入的比例与GDP之间存在强正相关性（相关系数为0.7421），即试验发展经费的投入直接促成经济增长。这与我们的常识相符，也与中国语境下公众支持科技的认知偏好相一致。

虽然试验发展的经费投入对经济增长有直接贡献，但是这个指标在中美两国之间呈现出较大的差异。美国的相关性系数显著低于中国，这再次揭示了中国知识生产的价值仍处于边际产出快速递增的阶段（曲线比较陡峭）。因此，在中国投资科技比在美国有更高的回报，也间接证明中国仍处于严重的知识稀缺或者供给不足的阶段。

根据上述分析，可以得到如下3个结论。

其一，中国当下的总体知识产出严重不足，并导致如下结果。首先，原本基础研究是远离日常生活的，但是由于供给不足，基础研究成果能给经济增长带来弱的正向推动作用；其次，由于上游知识供给不足，导致下游（试验发展研究）的任何知识产出都能给经济增长带来强大的推动作用。

其二，中国当下正处于知识价值的边际产出快速递增阶段，应该加大科技投入。这个阶段加大投入有利于中国科技实现快速赶超目标。相对而言，西方发达国家由于知识库存较多，则处于边际产出缓慢递增阶段（曲线比较平滑）。

第三，由于基础研究长期滞后，导致中国的应用研究处于等米下锅的无效空转状态。这也是当下中国科技界最为尴尬的局面。一方面揭示了中国科技界喜欢跟风式研究的深层原因——由于自家知识上游没有产出或者很少，只好跟随那些上游有产出的国家的研究热点；另一方面，当下中国的很多应用研究属于没有多少价值的空转式研究，不仅对于经济增长帮助不大，而且造成资源浪费并使科技界呈现高度内卷与无序状态。看看近年来突然热起来的科技话题，如纳米、石墨烯、区块链、元宇宙等，热闹过后产出与此前所预想的有比较大的差距,就是这种空转的反映。

只有上游的基础研究成果丰富了,后续的应用研究才能有的放矢地把上下游的知识生产衔接起来,并促成下游的成果产出繁荣与经济蒸蒸日上的局面。

为达此目的,路径有三:首先,继续加大科技投入,尤其是基础研究投入,可采取经费保障性供给模式,稳定基础研究队伍;其次,建设生态友好的思想市场,给予科技界更多的学术自由;最后,通过政策安排,规范应用研究的资源配置,使其运行模式、质量、评价与国际先进经验接轨。

(原文发表于《中国科学报》2022 年 8 月 17 日第 1 版;

作者:李侠、谷昭逸)

集群化：中国基础研究发展模式的转型方向

2020年，科技部等五部门联合制定《加强"从0到1"基础研究工作方案》，旨在贯彻落实《国务院关于全面加强基础科学研究的若干意见》，其中明确指出，充分发挥基础研究对科技创新的源头供给和引领作用，解决我国基础研究缺少"从0到1"原创性成果的问题。由此，关于基础研究的热潮开始形成，现在的问题是，在制定具体基础研究政策之前，我们需要解决两个紧迫问题：其一，目前我国基础研究的现状如何？其二，提升我国基础研究能力的现实路径是什么？

一、基础研究的现状与存在的问题

笔者这几年在研究基础研究的作用时发现一个奇怪的现象：基础研究投入占研究与试验发展（R&D）投入比例与GDP产值之间具有弱正相关性（0.1928）；应用研究投入占R&D投入比例与GDP产值之间具有高度负相关性（-0.8164）。这组数据是利用过去21年间（2000—2020年）中国R&D投入强度与GDP之间的关系进行回归分析得到的结果。按照人们的常规理解，基础研究由于远离现实生活，它对GDP应该没有直接的作用，甚至可能会产生一种负相关关系，毕竟把钱投在基础研究领域就会挤占其他领域的投入与产出，然而奇怪的是，在我国基础研究竟然对GDP有弱正相关性。至于应用研究对于GDP的强负相关性可以理解，毕竟它是从基础研究到试验发展研究之间的桥梁，试验成本是我们为了获得科技的生产力功能所必须付出的代价。客观地说，这个结论是笔者这么多年来头一次发现，为了验证结论的可靠性，笔者再次利用中国和美国同期21年间（2000—2020年）的数据对这两个指标进行对比分析，得到结论如下：美国基础研究投入占R&D投入的比例与GDP之间存在显著的负相关性（相关系数为-0.7128），这就意味着基础研究的投入与经济增长存在反向关系，即基础研究投入越多，经济表现越差，反之亦然。这个结论符合我们对基础研究的常识认知。同理，美国应用研究占R&D投入的比例与GDP之间也呈现为弱负相关性（相关系数为-0.4385）。中国基础研究投入占R&D投入的比例与GDP之间存在明显的弱正相关性（相关系数为0.1928），应用研究占R&D投入的比例与GDP之间存在强负相关性（相关系数为-0.8164）。这两项研究，基本证明笔者前期研究结论的可靠性。

荣格和柳卸林等的研究结论与我们的结论相反，他们的研究显示："基础研究支出与低收入国家的经济增长呈负相关，而在高收入国家，则呈正相关。此外，国民收入越高，基础研究对经济增长的重要性就越高。"[①]他们采用的数据来源于经济合作与发展组织和非经济合作与发展组织（来自世界银行数据）。如何解释这个看似矛盾的结论？其实，造成这种差异的原因有两点。其一，荣格和柳卸林等人的研究证明了在高收入国家与低收入国家之间商业部门的基础研究投资与经济增长之间存在或正或负的相关关系。这可以解释为那些与商业化比较近的基础研究成果直接促进了经济的增长。一份韩国的研究显示："信息与通信技术（ICT）研发投资总额与ICT增值之间建立了双向因果关系。当ICT总量研发投入分为公共部门和私营部门时，与公共ICT研发投入相比，私营ICT研发投入与经济增长的关系更强。结果还表明，公共信息通信技术研发投入与私人信息通信技术开发投入之间存在双向因果关系，后者对这种关系的影响更大。"[②]私人投入的逐利性可以间接证明，只有那些可以商业化的研究成果

---

① Jung E, Liu X. The different effects of basic research in enterprises on economic growth: Income-level quantile analysis[J]. Science and Public Policy, 2019, 46(4): 570-588.
② Hong J. Causal relationship between ICT R&D investment and economic growth in Korea[J]. Technological Forecasting and Social Change, 2017, 116: 70-75.

才会直接促成经济增长，问题是还有很多基础研究投入是由政府投资的，毕竟商业化公司是不会为公共物品（知识）投资的，而这部分投入在基础研究中占了很大的比例。故笔者的结论证明了宏观基础研究投入与 GDP 之间的相关关系，这是导致两者结论不同的根本原因。

其二，高收入与低收入国家的划分对于国家的平均知识吸收能力呈正相关关系。那么中国到底是属于低收入国家还是属于高收入国家呢？根据世界银行给出的数据：2021 年中国人均 GDP 达到 12 556.3 美元（世界平均为 12 262.9 美元），在全球 200 多个国家和地区中排第 75 名，属于中等偏上的位置，算作中等收入国家可以成立。另外，第七次全国人口普查数据显示，具有大学文化程度的人口为 21 836 万人，占总人口的比例接近 15.5%，这也是中国整体知识吸收能力强的直接根据，这也间接证明了为什么基础研究在中国能够对经济增长起到弱的正相关性。根据笔者前期的研究可以再次佐证上述结论：首先，人口数量与创新能力之间没有相关性，换言之，人口数量多并不代表创新能力强。相较于各个国家的人口总数，科研人员数量与创新指数在理论上存在正相关性。其次，人均 GDP 越高，创新能力越强，反之亦然。由此印证了创新是昂贵的[1]。因此，他们的这个结论对揭示中国基础研究对经济增长的正相关关系是成立的。

从韩国学者的研究中还可以得到一个结论："从经济增长到私人研发投入之间的短期因果关系，以及从经济增长至公共研发投入之间缺乏任何显著的因果关系，都表明私人研发投入比公共研发投入具有更强的经济增长诱导投资属性。"[2]基于上述分析，可以看出当下我国基础研究的现状存在三个问题：其一，中国当下的总体知识供给严重不足，导致任何基础研究成果都能对经济增长带来弱的正向推动作用。其二，中国目前正处于知识价值的边际产出快速递增阶段，应该加大科技投入。相对而言，西方发达国家由于知识库存较多而处于边际产出缓慢递增阶段，中国在这个阶段加大投入有利于自身科技实现快速赶超目标。其三，中国基础研究能力的

---

① 王珂，李侠. 影响国家创新能力的社会基础条件[J]. 中国科技论坛，2022（9）：18-24.
② Hong J. Causal relationship between ICT R&D investment and economic growth in Korea[J]. Technological Forecasting and Social Change, 2017, 116: 70-75.

长期极度孱弱,导致其应用研究基本上处于无效的空转状态。基于这种紧迫现实,基础研究薄弱已经成为推进创新驱动发展战略实施以及实现科技自立自强的短板与瓶颈,那么,如何在现有条件下提升基础研究能力并实现基础研究的快速发展呢?

二、基础研究发展模式的转型:从个体化向集群化转向

以往的中国基础研究在空间分布上基本处于点状散发状态,孤零零地隐匿于大学以及科研院所内,这种分布的最大特点就是基础研究能力强度不足、资源分布密度较低,成果产出充满偶然性,这种空间布局仍然属于小科学时代的基础研究模式:个人英雄主义研究模式。问题是在大科学时代,科学研究的性质已经发生了根本性的改变,此时面对的都是难问题、重大问题。这类研究需要大投入、大设备、大团队、大组织以及面临大的风险,再沿用小科学时代的研究模式显然已经无法胜任。因此,基础研究的发展模式必须改变,从个体化向集群化方向转变,从而更适合大科学时代基础研究对于综合能力与基础支撑条件的需求。

集群概念最初是由英国经济学家阿尔弗雷德·马歇尔(Alfred Marshall)在其1890年出版的《经济学原理》一书中提出来的,他原意是指工业区(industrial district),工业区内集中了大量相关的小型企业,这些企业集群的根本目的是获取外部规模经济。马歇尔曾把规模经济划分为两类,一是内部规模经济,这取决于从事工业的单个企业的资源、组织及其管理的效率;二是外部规模经济,产业集群是外部性导致的。按照芬兰学者安斯·斯梅德隆德(Anssi Smedlund)关于区域的知识资本创造的观点,集群化的作用主要有三个:为了最大化其价值创造的可能性,小企业区域集群必须同时创造新知识、传播现存知识和利用知识。其一,降低交易成本。资本成本和交易成本越低,基于市场的行动效果越好。其二,向其他参与者学习。网络中的信息流和参与者之间相互理解的能力,以及参与者之间的信任也是极其重要的。其三,持续性创新。集群为整合不同的资源和知识创造了条件,从而提供了一个持续性提高产品

质量、改进生产方法和工艺的机会①。把上面提到的小企业换成小的基础研究团队/机构一样成立，为了后续论证的严谨性，需要对基础研究集群现象给出一个相对简单而明确的定义，在笔者看来，基础研究的集群化是指：在某一特定的时间与空间内，把与基础研究相关的各种组织、机构、平台、资源、人才、设备与生态系统（如新文化等）等要素整合起来，实现聚集，并理顺与基础研究相关的上下游知识链条与网络，当这些条件要素的丰裕度远远高于现有的平均资源密度时，基础研究的集群化就形成了，并由此逐渐呈现出研究能力的规模效应。借用美国经济学家安·马库森（Ann Markusen）的说法，集聚就是"平滑空间中的黏滞点"，之所以会在某个地方出现黏滞点，是由于"黏性的地方是多种力量综合作用的复杂产物：企业战略、产业结构、利润周期、国家优先事项、地方和国家政策。它们的成功不能仅仅归于某一机构或者行为"②。那么，回到科技界，对于基础研究领域来说，那个黏滞点应该选在什么地方呢？

任何集群现象的出现都不是从零开始的，都是在有一定基础的地方开始扩张，然后根据分工原则，各个参与集群的单位/机构在相互的竞争与合作中强化了自身的核心竞争力，并实现收益/荣誉的最大化。基于这种理解，中国基础研究集群化最应该发生在那些前期基础条件比较好的地方，如那里有著名的大学/科研院所、丰富的人才储备、充裕的资金、便捷的信息网络、多元的评价机制等。把这些条件整合起来，我们就会发现，满足这些要求的地方很少，在中国只有几个核心节点城市。由此不难理解国家发展和改革委员会建设北京、上海、粤港澳大湾区三大国际科创中心，以及强化怀柔、张江、合肥、大湾区4个综合性国家科学中心的初衷。这个"3+4"区域创新布局，恰恰符合笔者提出的基础研究集群化的空间分布要求。从国家发展和改革委员会构想的区域分工来看，区域创新布局中的"3"是指：北京科技创新中心，其主要任务是打造全国科技创

---

① 阿莫德·波尔弗，利夫·埃德文森. 国家、地区和城市的知识资本[M]. 于鸿君，石杰译. 北京：北京大学出版社，2007：266-268.

② Markusen A. Sticky places in slippery space: a typology of industrial districts[J]. Economic Geography, 1996, 72(3): 293-313.

新的策源地；上海科技创新中心，集中打造集成电路、人工智能、生物医药三大产业的创新高地；粤港澳大湾区科技创新中心，打造全球最大的中试验证和成果应用推广基地。区域创新布局中的"4"，是指北京怀柔、上海张江、安徽合肥、大湾区4个综合性国家科学中心，这是国际科技创新中心的内核支撑[①]。基础研究的空间布局已经很清晰了，那么，如何让这些宏观战略安排真正发挥作用呢？

集群化不是一些单位/机构、资源要素等的简单堆砌，要能真正发挥集群的作用，这些参与者之间必须形成一种实质性的联系，否则，集群的设想就仍停留在纸面上（如前些年流行的高校联盟）。根据分工的原则，可以把区域内集群的基础研究力量分为三种功能网络，分别是生产知识网络、开发知识网络与创新网络，三者的功能与特点见表1。

表1 基础研究领域基于分工的生产知识、开发知识和创新网络

项目	生产知识网络	开发知识网络	创新网络
研究难度区间	1—N	0.5—1	0.5—1
结构	垂直的	水平的	交叉的
知识的功能	利用知识	传播知识	创造知识
知识环境	机械的	有机的	动态的
参与者之间的关系	有形的与无形的	无形的	有形的与无形的
自由度	无	中等	高

注：根据安斯·斯梅德隆德表格改造。

通过上述三个职能网络，基础研究领域的分工得以实现，并在各自的活动中使参与者之间建立起密切的有形与无形联系，小到个体大到机构/单位，生产者、开发者与创新者在彼此的互动中，都提高了自己的核心竞争力，从宏观上看则呈现出集群带来的规模效应。诚如英国物理学家杰弗里·韦斯特（Geoffrey West）所言："一个典型的复杂系统是由无数个个体成分或因子组成的，他们聚集在一起会呈现出集体特性，这种集体特性通常不会体现在个体的特性中，也无法轻易地从个体的特性中预测……复杂系统的普遍特点是整体大于其组成部分的简单线性总和，而且整体通常

---

① 陈琳. 我国已布局3大国际科技创新中心，定位有何差异？[EB/OL]. https://baijiahao.baidu.com/s?id=1712211397577948342&wfr=spider&for=pc[2022-10-05].

也与其组成部分存在极大的不同。在许多情况下，整体似乎会自行发展，几乎与其组成个体的特性相分离。这一整体的系统行为被称作'涌现行为'。"①正是由于集群存在不可预料的涌现与规模效应，让基础研究的运行模式从孤立的散点状态向集群状态转型，而这是加速提升基础研究能力的最有效路径。以往的努力之所以成效不大，甚至失败，则是因为对基础研究的认识不深，导致对基础研究领域的分工不明确，使得所有基础研究机构与个人都扎堆在创造新知识的环节上，结果造成基础研究领域分工结构出现断层，这种断层破坏了基础研究的支撑条件。就如同一个城市不能只有精英，各类人群都应该有，这样城市才能有效运转起来。集群不是零和博弈，而是双赢或多赢，每个人/机构都因集群而获得发展。在基础研究领域也是存在明显分工的，这种分工是促成复杂系统呈现出涌现特征的关键。换言之，不是从事基础研究的所有人都要成为牛顿或爱因斯坦，而是基于一系列分工各司其职，如实验类基础研究（如观察天王星、海王星，观测日全食时光线是否弯曲等）等。正是这些不同的分工，促成了基础研究成果的证实、传播与利用。由于基础研究是一项非常复杂的研究活动，它的驱动机制与偏好存在极大的差异，那么基础研究领域中的哪类研究需要集群化呢？

笔者曾根据基础研究成果发生的频率及难度，对于基础研究做过一个划分——把基础研究"从 0 到 1"划分为三个发展阶段：0—0.5、0.5—1、1—N。所谓 0—0.5 阶段，是指完全没有办法预料，也无从精准关注的阶段，在这个区间内，基础研究成果大多以猜测、假说与臆想的形式存在；0.5—1 阶段，在这个区间内，问题已经逐渐明确，但是到目前为止谁也没有解决该问题，这个阶段已经越过了盲目寻找问题时期，正处于等待确证的阶段；1—N 阶段，则是原理已经被确证，向应用横向拓展的阶段。通过对基础研究的三阶段划分，可以明确两个问题：其一，0—0.5 阶段的基础研究在人类历史上出现的频率很少，几乎都是个人行为，一旦出现就是

---

① 杰弗里·韦斯特. 规模：复杂世界的简单法则[M]. 张培译. 北京：中信出版社，2018：22，24.

颠覆性成果Ⅰ，完全是科学革命级别的，它的产生充满不确定性，也是不可计划的，因此，这个阶段不适合集群化；其二，0.5—1阶段，这阶段产生的成果被称作颠覆性成果Ⅱ，这是基础研究领域创新比较常见的区间，科学史上有众多案例，由于此时问题已经明确，只剩下最后突破，这个阶段适合于采取集群化的发展模式。为此，笔者曾就基础研究的发展阶段、成果难易以及特点给出一个四象限图，见图1。

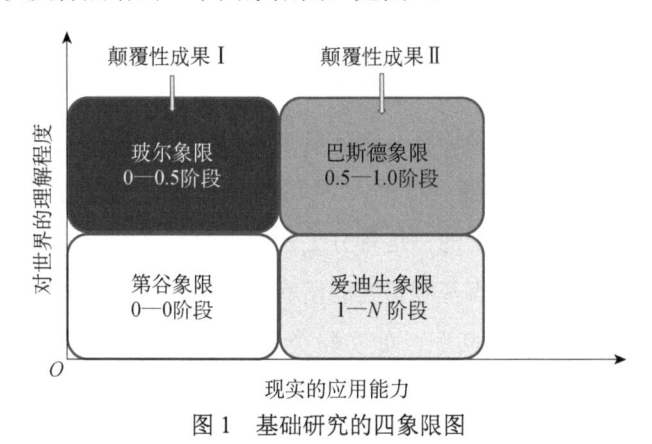

图1 基础研究的四象限图

根据图1，我们还可以解释两个现象：其一，中国的基础研究比较薄弱，而且大多集中在0.5—1阶段，成果从功能上看基本上都属于巴斯德象限类型（由应用引发的基础研究），为了提升这个区间的基础研究能力，应该大力实行集群化的发展模式；其二，这个图也充分说明了中国的基础研究能够对经济具有弱正相关性，而美国的基础研究对经济具有强负相关性的原因，因为在美国的基础研究投入中有很多用在了0—0.5阶段（玻尔象限内），这部分研究成果远离日常生活，故无法对经济发展起到正向拉动作用。试想美国2021年12月25日发射的韦布空间望远镜，从项目立项（1996年）到最终发射（2021年）历时25年，耗资约100亿美元，取得的成果（星系的图像）属于颠覆性成果Ⅰ型，极大地深化了人类对宇宙的认识，这些投入不但很难取得相应的经济回报，反而对其他经济领域产生了严重的挤出效应。这就是人类为加深对世界的理解与提高认知所必须付出的代价。

三、基础研究集群化可以为研究创造新的机会利基

美国经济学家布莱恩·阿瑟（W. Brian Arthur）曾指出："如果一个国家希望能够引领先进技术，它需要的不是投资更多的工业园区或含糊地培养所谓'创新'，它需要建立其基础科学，而且不带有任何商业目的。它应该在稳定的资金和激励安排下养育那样的科学，让科学在一些初创的小公司中自己实现商业性的发展，并受到最少的干扰。"①布莱恩的观点中有三点对于基础研究的集群化来说是必需的：首先，国家对于基础研究的稳定投入；其次，建立适合基础研究的制度安排（如评价机制等）；最后，培育非功利主义的文化生态。在此基础上，基础研究的集群化才能从构想向现实转向，否则基础研究仍将停留在低水平重复（第谷象限）的各自为战状态。

产业界的集群强调的是同类或相关企业的空间集聚，如马歇尔对工业区的强调等。在互联网时代，空间的主导地位被极大地消解，一些相关的基础研究机构/共同体，既可以是空间集聚的，也可以是网络密切联系的，由此形成一个具有实质性联系的基础研究集群（如物理学集群、生物学集群等），然后按照分工各司其职，从而共同推动基础研究能力的提升。集群化为什么能提高共同体的能力？对此，笔者很认同布莱恩教授的看法，即通过集群在共同体内部习得与共享了一种特殊的能力："'深奥的手艺'（deep craft）。深奥的手艺不只是知识，它是一套认知体系：知道什么可能发挥作用，什么不可能；知道用什么方法、什么原理更容易成功；知道在给定的技术中用什么参数值；知道和谁对话可以使事情进行到底；知道如何挽救发生的问题；知道该忽略什么、留意什么。这种手艺性认知（craft-knowing）将科学、纯粹知识都视为理所当然。"②难言知识的获取历来是一个难题，而集群化恰恰是一种低成本的解决之道，集群化所具有

---

① 布莱恩·阿瑟. 技术的本质：技术是什么，它是如何进化的[M]. 曹东溟，王健译. 杭州：浙江人民出版社，2018：182.
② 布莱恩·阿瑟. 技术的本质：技术是什么，它是如何进化的[M]. 曹东溟，王健译. 杭州：浙江人民出版社，2018：179.

的神奇能力正是面对面交流与沟通所带来的。布莱恩曾用剑桥大学卡文迪许实验室的生动案例说明：20世纪前30年，卡文迪许实验室一直是原子物理学领域发明的聚集地。对于原子物理学的任何问题或困难，在卡文迪许实验室的某个地方，你一定能找到答案。从更宏观的科学史角度，我们不妨看看19世纪德国化学学科集群化的发展历程与展现的神奇力量。

19世纪，德国化学的崛起，完全得益于尤斯图斯·冯·李比希（Justus von Liebig，1803—1873）的努力，他被后人称为"有机化学之父""肥料工业之父"。他的化学研究集群之路始于1824年，那时他从法国回到德国，任吉森大学的化学教授，并创立了吉森实验室。总结下来，李比希的化学研究集群之路是分三步完成的：首先，以吉森大学和吉森实验室作为集群的母群和载体，培养了一大批杰出的化学人才，如为染料化学和染料工业奠定基础的霍夫曼、发现卤代烷的武慈、提出苯环结构学说的凯库勒等；其次，开枝散叶，以杰出学生和国际同行构成化学研究子群；最后，相关产业跟进作为生产子群，直接推动了德国化学工业的井喷式发展。19世纪，德国这些化学家们构成的基础研究集群带来的结果就是德国成了第四个世界科学中心。在经济领域，以化学家为纽带的染料工业、化肥工业以及制药等，直接把德国推到科技强国之列，如今那些闻名遐迩的德国化学公司如拜耳集团、巴斯夫股份公司、赫希斯特公司和爱克发·吉华集团等，全部成立于1863—1867年，这就是基础研究集群化在研究与产业之间实现双向推动的最好例子。回到20世纪也是如此，美国计算机技术和生物技术能够在众多竞争对手环视中傲然独立，同样是由于其背后的相应学科的基础研究采取集群化带来的结果。

为什么基础研究集群化会带来如此显著的成效呢？原因在于集群化会给相应学科带来新的机会利基。所谓利基（niche），顾名思义就是指能带来利益的基础，而机会利基（opportunity niches）简单来说就是能带来新机会的领域/市场，诚如布莱恩所指出的，"机会利基的出现召唤新技术的诞生，绝大多数机会利基的产生缘于技术本身，这是因为以下三个原因：

1）每个技术通过它的存在建立了一个能够更经济更有效地实现其目的的机会；2）每项技术总是需要另外的支撑技术来制造它，这些支撑技术又需要它们自己的次级支撑技术；3）技术经常引发间接性的问题，这会产生需要提供解决方案的需求或者机会"[①]。虽然科学与技术不同，但是在科技一体化的今天，在内在发展机制上仍有很多相同之处，因此，只需把上述原因中的技术替换成基础研究同样成立，比如最近几年关于交叉学科的热议，其实质就在于它为研究提供了新的机会利基。基础研究的集群化就是创造机会利基的最有效途径，其原因就在于集群化可以更好地体现分工的优势，而每一次分工都会重新细分基础研究领域，这就是基础研究的利基市场。比如最近几年比较火热的人工智能、脑机接口、元宇宙等，都产生了很多学术利基市场，回到基础研究领域同样如此。按照美国管理学家汤姆·彼得斯等人的研究，那些通过利基战略接近顾客的公司，通常具有五大基本特质：①具备敏锐的技术操作能力；②定价的技巧；③市场分析准确；④以解决问题为导向；⑤愿意花钱进行市场细分。[②]只要基础研究实现真正的集群化，就可以充分体现这五大基本特质，相反，单个机构/个人的基础研究是没有能力创造机会利基的，即便有实力的机构/个人也只能拥有部分特征并有限地利用机会利基。从这个意义上说，科学已经告别了单打独斗的小科学时代，集群化已成为大科学时代基础研究发展的显著趋势。

既然基础研究集群化具有如此巨大的潜在功能，那么在实际决策层面应该采取哪种模式来推进集群化呢？这里有两个问题需要解决：其一，集群化要利用现有的基础研究资源，而非另起炉灶或者推倒重来。毕竟改革开放四十余年，我国在基础研究领域已经积累下一些宝贵的资源，这是所有集群化安排的基础。其二，具体的集群化模式选择要尽量与前期政策安排相衔接，这样既可以降低集群化的成本，又可以快速发挥集群化的功能。基于这种考虑，根据《中华人民共和国国民经济和社会发展第十四个

---

① 布莱恩·阿瑟. 技术的本质：技术是什么，它是如何进化的[M]. 曹东溟，王健译. 杭州：浙江人民出版社，2014：196.
② 汤姆·彼得斯，罗伯特·沃特曼. 追求卓越[M]. 胡玮珊译. 北京：中信出版社，2012：134.

五年规划和 2035 年远景目标纲要》的要求，可以将我国现有的四种战略科技力量（国家实验室、国家科研机构、高水平研究型大学、科技领军企业）作为集群化的核心母群，按学科与功能细分进行集群化，这样从起点处就处于较高位置，有利于基础研究在 0.5—1 阶段取得实质性的进步。在集群化的具体模式选择方面，笔者认为可以将马库森的两种模型进行整合，即中心辐射式集群（hub-and-spoke cluster）与政府支持式集群（state-anchored cluster）[①]。中心辐射式集群可以依托上面提到的四种战略科技力量展开，如一些具有传统优势的大学、国家实验室等；后者，政府支持式集群可以依托政府扶持的各类科学中心展开。这种安排就把前期的资源与政策储备很好地利用起来了，而且能够很快落地发挥作用。

最后还要提到的一点就是，基础研究的集群化有利于科学文化（无功利或弱功利）的建设。众所周知，开展基础研究对科研生态环境的要求比较高，这是由基础研究的性质决定的，它依托于非功利主义文化，而当下的主流科研文化是基于绩效主义的功利主义文化。根据基础研究的性质可以发现，在 0—0.5 区间内要求完全无功利主义的科研文化环境，而在 0.5—1 的区间内则要求至少是弱功利主义的科研文化环境。由于科研文化环境未变，这也就是过去四年间管理部门提出破"四唯"/破"五唯"效果不明显的根源所在。对于文化建设而言，只有群体共同践行与推动才能形成一种新的文化，单个机构与个人是无法形成一种文化的。从这个意义上说，基础研究集群化可以极大地扩展与捍卫科学文化的规模与权威。这对集群化的可持续发展具有双向因果作用，从而发挥集群化对基础研究的自我增强功能。集群的形成是缓慢的、渐进的、累积的过程，不可能一蹴而就，尤其是政府主导的集群化还需要解决好自由与强制性之间的平衡，这也是以往"产-学-研"三螺旋创新路径失灵的原因。而基础研究的产出是一些新观念、新方法、新理论、新认知及新文化，这类科研活动短期内无法进行成本-收益分析。

---

① Markusen A. Sticky places in slippery space: a typology of industrial districts[J]. Economic Geography, 1996, 72(3): 293-313.

四、结语

综上，由于基础研究投入对经济增长具有弱正相关性，这说明当下中国基础研究的产出较为不足，加强基础研究的产出刻不容缓。为了快速提升基础研究能力，必须改变现有的基础研究运行模式：从分散的基础研究模式向集群化的基础研究模式转型，创造新的机会利基。充分利用现有的政策资源与基础研究资源，有针对性地采取中心辐射式集群与政府支持式集群模式，相信这种努力会使我国基础研究面貌从点状分布的小作坊模式向集群化的大工厂模式（共同体）迅速转变。更为重要的是，这种路径选择把前期的相关政策与资源储备都衔接起来，减少了基础研究集群化转型面临的阻力和成本。

（原文发表于《学术前沿》2022年第20期；

作者：李侠）

提升范式转换认知敏感

自 1962 年美国科学哲学家托马斯·库恩在其《科学革命的结构》一书中提出范式概念以来，这个概念仿佛长了翅膀一样，迅速向所有领域扩散。20 世纪 60 年代是一个变动的时代，在科技层面，人类经历着从小科学向大科学的转变；在社会层面，整个社会处于从工业化社会向后工业化社会的快速转型期；在文化层面，人们遭遇传统文化被后现代主义文化侵蚀的惶惑。所有人都感觉到了变化正在临近，但又无法准确说出到底什么变了。在这种纠结与困惑中，范式概念一下子契合了相关学科和经济社会领域的内在诉求。时代的痛点给了这个词一张得天独厚的有关希望与失望的"通行证"。

对于库恩而言，范式本是他用来解释科学革命发生的本质，即一种新范式取代旧范式的过程，而且革命前后的新旧范式之间是不可通约的。通俗地说，库恩的范式概念在实践层面就是一套指导群体/个体行动的规则与规范。美国科学哲学家达德利·夏佩尔曾把范式概念的内涵分为两个层次：一方面，它代表某一共同体成员所共有的信念、价值和方法等；另一方面，它作为模式或范例可以取代明晰的规则，成为解决疑难的基础。沿着这一思考路径，我们可以进一步把库恩的范式概念分为三个层次：最核心的是信念/价值观，居于中间层次的是规范/规则，居于最外层的是器物层次。对于我们在生活中识别范式转型来说，这种结构性划分具有重要的指标性意义。大多数时候，我们意识到范式转换几乎都是在事后。如果我们能够在科学革命发生之前就意识到范式将转换，那么将极大地推动科学革命的到来。遗憾的是，我们大多时候都是后知后觉，甚至成为阻碍科学革命发生的保守性力量，科学史上此类案例比比皆是。

从今天的视角来看，哥白尼 1543 年出版《天体运行论》，提出日心地动说，可以看作是与托勒密地心说的决裂，更是对人们传统世界观的根本转换，由此拉开了近代科学革命的序幕。试问，当时又有多少人支持这个学说呢？要知道，57 年后（1600 年）传播该学说的意大利思想家布鲁诺还会为此被教会以"异端"之名烧死，73 年后（1616 年）伽利略还是因为传播哥白尼学说受到教会审判，甚至到了 1632 年，年迈的伽利略再次因为传播哥白尼学说而受到审判，直到 100 多年以后，历史发展到牛顿时代，传播哥白尼学说才不会被烧死，可见观念的转变与识别是何其艰难。伽利略是人类历史上第一个用望远镜观察天空的人。有科学史家说，早期的一半天文观测成就来自伽利略的工作。望远镜作为一种器物，以直观易懂的方式让人们观察到了以往无法想象的新世界，从中我们不难看出，观念的改变与识别是非常漫长而曲折的，相对而言，器物形式的改变被接受则要容易得多。

美国古生物学古尔德曾有过一句名言，每一个胜利的理论都经历过三个阶段：第一个阶段是被当作不正确的理论抛弃掉；第二阶段是被当作与宗教对立的理论否定掉；第三个阶段是被当作教条接受，并且每一个科学家都声称早就认识到了这个理论的正确性。第一阶段和第三阶段的主要参与者往往是一拨人（至少有很大的重叠），可称之为范式转型的"狙击者"：前者否定理论的生，后者避免理论的死。很多时候，认知惯性与改变成本阻碍了我们对于范式转型的识别和认知敏感性。那么在规则层面，如何识别范式转换的征兆呢？

众所周知，19 世纪 60 年代是电力革命兴起的年代，但直到 1900 年，美国工厂的机械驱动力来自电动机的不足 5%，大多数工厂仍处于蒸汽机时代。要知道，自从 1785 年瓦特蒸汽机正式商用化以来，蒸汽机的缺点就很明显：体积庞大，附带的配套设施占用空间也大，而且效率低下。为了保证机器运转，就要不停地燃烧煤炭，随之带来齿轮、轴承的连续运转，皮带上沾满油污和灰尘，在这种场合工作的工人很容易出事故。

相反，电力工厂占用空间更小，并且更干净、更安全也更有效率。直到 1910 年前后，许多企业家在旧的蒸汽机与新的电力驱动系统的选择中仍然会选择前者。既然电动机具有如此明显的优势，那么人们为什么不选择电动机呢？英国经济学家蒂姆·哈福德一针见血地指出，为了利用电力，工厂主不得不用一种完全不同的方式思考问题：他们必须改变整个系统，以及建筑、后勤和人事政策以适应电动机带来的变革。电力技术在出现 50 年后才被人们普遍接受，究其原因就在于，范式中的那些规则/规范的变革会带来巨大的成本，因而阻碍了技术革命的进程。那么，我们再来看看居于范式最外层的器物层次的变革又是怎样的。

2007 年 1 月 9 日，苹果公司推出一款全新的手机，由此开创了智能手机时代。这是一次伟大的技术范式革命，改写了手机的定义。这款手机迅速被消费者接受，由此造就了苹果公司的商业奇迹。回过头来看，这次范式变革几乎没有遭遇多少延迟时间，一经面世就被接受。究其原因，主要有两个：其一，智能手机契合了互联网时代人们的偏好与需求；其二，支撑智能手机的底层技术已较为成熟，容易获得市场与消费者的认同。据经济学家玛丽安娜·马祖卡托的分析，支撑智能手机运行的 12 项关键技术分别是微处理器、内存芯片、固态硬盘、液晶显示器、锂电池、快速傅里叶变换算法、互联网、超文本传输协议（HTTP）、移动网络、全球定位系统、触摸屏、苹果语言助手，这些被接受的技术叠加起来，使得这次范式变革几乎没有遇到什么阻力。

至此，关于范式变革我们得到一些经验论断：信念与价值观的变革与识别通常很难也很慢，动辄需要上百年的时间；而规则与规范的变革与识别难度中等，通常需要半个世纪左右的时间；而器物层次的变革与识别则很快，只要与消费者的偏好与需求匹配，就会很快发生，比如，中国高铁的投入运行，短短几年的时间就改变了中国人的出行方式。

为了形成有利于范式变革与识别的社会生态环境，有必要在以下几个方面开展基础性工作：首先，对于观念层面的范式变革，需要耐心，需要培育宽松自由的思想环境；其次，对于规则与规范层次的变革，需提供成熟的市场机制，市场会通过"无形的手"来识别进步的范式变革、淘汰落后的范式变革；最后，对于器物层次的范式变革，可更多交给企业主体与消费者来识别和驱动。

（原文发表于《解放日报》2023年1月15日第11版；

作者：李侠）

科研范式变革了，科技界怎么做

习近平总书记在两院院士大会、中国科协第十次全国代表大会上的讲话中指出：当前，新一轮科技革命和产业变革突飞猛进，科学研究范式正在发生深刻变革，学科交叉融合不断发展，科学技术和经济社会发展加速渗透融合。如何看待科学研究范式正在发生的深刻变革？厘清这个问题不仅对宏观科技管理工作意义重大，对微观层面的科技共同体成员而言也是非常重要的。

范式是美国科学哲学家托马斯·库恩在 1962 年出版的《科学革命的结构》一书中提出的概念，具有多义性，简化起见，可以把它理解成共有的理论、模板、文化等。科学范式是指当代科学共同体所共同信奉与接受的理论体系，并以此作为常规科学工作的理论预设，如人类今天的科学研究活动总体上仍然限定在 20 世纪初物理学革命所确立的基本理论框架下，换言之，20 世纪物理学革命所带来的新观念仍处于理论发展的壮年期，远没有到理论的衰落期，此时从事诸如反对相对论和量子力学的尝试都是徒劳的。从这个意义上说，当今世界的科学范式并没有发生太大的变化。科学研究范式则是指科学共同体为了使日常科研工作高效有序运转所依赖与普遍采用的一套规则体系的集合，包括建制环境、研究路径、评价体系、研究方法、研究工具、技术路线与研究模式等。总之，研究范式是关于研究有效、合规的一组被认可与接受的规定，它受到社会、经济、文化、国际环境以及个体偏好等的影响。自从人类进入信息化时代以来，科学研究的路径、评价体系与方法等都发生了变化，而这些变化与以往的科学研究范式相比有了很大的不同：一些旧的建制、方法、手段、研究路径不再被采用，而新的规则快速出现，导致旧的研究范式面临被替代的命运。种种迹象表明，原有的研究范式正处于发生根本性变革的前夜。

还有一个问题需要厘清，即：科学范式与研究范式之间是什么关系？总体而言，科学范式强烈影响研究范式的选择，当两者之间相匹配的时候，科研活动就会呈现出活跃而高产的状态，反之亦然。为了呼应前面的判断，即：科学范式没有变，为何会有研究范式的转变呢？其实，所谓科学范式没有变，是指居主导地位的核心理论没有变，这是根本性的，但是当下理论关注的问题的深度却是实实在在地增加了，此刻科学问题的复杂性与科学革命初期是不可同日而语的，为了应对这种新变化，所以才有科学研究范式的转变。为了更好地揭示这种变化，我们就研究范式的变革提供三种思考线索。

首先，研究路径与研究模式的改变是最常见的科学研究范式变革。第二次世界大战以后，随着科学存在形态从小科学向大科学的转变，研究科学的路径与模式也发生了根本性的变化，在小科学时代，科学研究奉行个人英雄主义，并由此成就了无数的科学传奇，如爱因斯坦、居里夫人等凭借个人的努力，都取得了杰出的科学成就，而到了大科学时代，要想取得重大科学成就，远非个人的一己之力所能完成的，比如美国曼哈顿工程、阿波罗登月计划、引力波探测、中国的神舟飞船发射等都是由庞大科研团队通过现代的管理技术有机整合起来才能完成的。由此，不难看出，研究从个人向团队的转变就是一种典型的研究范式的变革。

回到宏观层面，我国科研活动中多年奉行"举国体制"，即在某一特定时期，动员所有资源（人财物）去攻关选中的难题。正是依靠这种研究路径，我们取得了以"两弹一星"为代表的众多成绩。但是毋庸置疑，举国体制也有其明显弊端，其一，凡是没有被选中的学科领域都将被边缘化；其二，一旦科研选点失败，成本巨大。它只适合攻克已有成功先例的科技难题，但是不适合没有先例可行的原创性知识领域。在科学发展到一定阶段的时候，就会出现再也没有可以模仿的目标的困境，此时再多的资源集聚也于事无补。抛开效率不谈，举国体制的弊端就在于无法适应没有方向的研究，也正是基于这种背景，"新型举国体制"呼之欲出，仔细遴选、精准定位与学科平衡，尽量在不影响整体科技发展的背景下，对某点实行精准化超前发展。此举意在突破原有举国体制的弊端，在全学科体系正常发展的基础上定点突击。另外，在举国体制模式的影响下，研究自由度普遍不足的缺陷还没有得到根本性的解决。从这个意义上说，新型举国体制应该是个人研究模式与集体研究模式的整合。

其次，科技评价体系正面临深刻的变革。评价体系是科学研究活动中至关重要的一环，新中国成立以来，关于科技评价体系我们经历了多次变革，仅就改革开放以来的变化就可以看到这种变化所带来的深刻影响。改革开放之初，由于对于科技评价体系的陌生，此时的评价大多采取以资历论英雄的模式，这种评价模式的弊端显而易见，它阻碍了科技界的新陈代谢，新人脱颖而出的机会比较少，从而间接地阻碍了科技的发展速度。为此，自20世纪80年代后期，科研评价体系开始以发表科学引文索引（SCI）论文为准，由此导致中国的国际科技论文（SCI论文）产出连续11年（从2009年开始）位居世界第二，成效显著，可见评价体系的改革对于科学研究的巨大激励作用。但是，以论文作为所有学科研究的唯一评价出口，其所带来的异化现象也越发严重，出现了发表论文比解决实际问题更重要的荒谬现象。基于这种现实，在我国运行30多年的以唯论文、唯帽子等为代表的量化评价体系正在面临重建，当下热议的破"四唯"/破"五唯"虽然还没有完全落地，但是改革评价体系的趋势不可逆。可以预期，未来的评价体系将更加注重研究的质与量的统一，并最大限度上规训科研人员做最有价值的科学研究，而非为一己之私利的单一的形式化研究。

最后，信马由缰式的研究盛宴已过，负责任的研究正在成为主流价值观。在以往的科学研究中，科技人员大多信奉科学的价值中立性，信马由缰式的研究大行其道。随着大科学时代科技一体化程度的加深，已经很难区分一些研究到底是属于科学还是属于技术，以至于那种源于小科学时代的"为科学而科学"的理想渐行渐远。科技人员再也不能不考虑其研究的后果，那种研究的飞地时代已经一去不复返。尤其是随着以生物技术、人工智能与大数据为代表的新技术的快速突进，很多科技后果给人类社会带来的风险与不确定性都是以前的研究所没有办法比拟的。把研究与责任捆绑起来的内在要求已经势在必行。21 世纪以来，世界范围内兴起的负责任创新（responsible innovation，RI）浪潮以及以欧盟为代表的负责任研究与创新（responsible research and innovation，RRI）理念的提出，无一不是强调科学家研究的伦理责任。时至今日，这种理念已经被世界各国的科学共同体普遍接受。在这种大环境下，试问：我们是否还可以固守传统的不计后果的科学研究范式？至少纳税人就不会同意，哪怕是自己掏钱研究也不行，显然传统的研究范式在今日已经行不通了。

从科学研究的宏观外部条件，到中观的评价体系的变革，再到负责任创新理念的逐渐被接受，这一切变化都预示着科学研究范式正在经历深刻的变革，如果上述所论的三种外部条件都能如期推进，那么新的科学研究范式将得以确立。这是大势所趋，对于趋势而言，科学家可以做的就是遵循趋势，调整自己的研究范式，毕竟时代抛弃一个人在很多时候是连一个招呼都不打的。

（原文发表于《中国科学报》2021 年 9 月 1 日第 1 版；

作者：李侠）

学科交叉是科学发展的必然趋势

2020年10月30日,国家自然科学基金委员会官网发布消息,宣布成立第九大学部:交叉科学部。这也是国家自然科学基金委员会时隔11年再次成立新的科学部。紧接着,2021年1月,国务院学位委员会、教育部印发通知,新设置"交叉学科"门类,使之成为我国第14个学科门类,目前下设两个一级学科,分别是"集成电路科学与工程"和"国家安全学"。这轮变革对我国科技体系建构的意义非凡:交叉学科从此以后开始成为国民教育中的正式学科,这意味着可以由此设立相关专业、招生、授予学位、成果认定以及职称评审等一系列制度化安排,并使之具有合法性。另外,基金单列从资源上保障了新兴的交叉学科可以获得稳定的经费支持,这对于任何一门学科的发展来说都是至关重要的。客观地说,这轮变革从制度安排到资源配置几乎一步到位,由此可以看出,在波诡云谲的国际形势下,国家对加快科技发展以及突破"卡脖子"技术约束采取了主动的突破路径,交叉科学的设置与推进就是这种努力与决心的最好表征。

学科交叉现象不是什么新鲜事,已经出现很多年了。美国学科交叉专家朱丽·汤普森·克莱恩(Julie Thompson Klein)考证,自然科学中的学科交叉现象历史发端可以锁定在20世纪40—50年代,而社会科学领域的学科交叉现象要早一些,大体发生在第一次世界大战末到20世纪30年代,大量的方法从自然科学领域被借鉴到社会科学领域。纵观学科交叉现象的简短发展史,大体可以发现,学科交叉产生的动力主要有两个:首先是外源性动力,这种动力起源于社会存在的真实问题(社会需求)所带来的持久动力和高校履行其全部社会责任的需要(服务社会);其次是内源性动力，这种动力主要来自于学科自身对新知识生产的渴望。在现实世界里，学科交叉现象的出现是多种力量共同推动的结果，在全球化时代，由于竞争的加剧，学科交叉的步伐在加快，来自外源性的动力强于来自内源性的动力，这主要是由社会所遭遇问题的复杂性所致，这些复杂问题是任何单一学科都没有能力独自解决的，这种境况促使了学科交叉进程的加快与扩大。

通常交叉学科由隐到显地呈现两种路径：学科的自然演化路径（渐进）与人为设计路径（激进）。前者是学科发展到一定阶段的必然产物，而后者则是政府与社会为了实现某些特定目标，通过制度安排主动设计的结果。对于自然演化模式的学科交叉现象来说，学科的发展通常会经历如下的过程：专业化—碎片化—混杂化。一旦学科完成专业化，也就意味着它有了具体的研究范畴、方法、手段与概念，专业化再发展下去就是知识的碎片化，再往前推进，原有学科的知识就会出现越界并渗透到其他领域，这就产生了学科交叉现象，科学史上这类案例很多，一旦交叉学科确立起来，就会开辟出新的知识生长点。诚如克莱恩所言：专业化程度越深，专业的数量越多，专业学者在其他学科边缘碰面的可能性也就越大。专业化产生出越来越狭小的领域，结果几乎所有的领域都涉及两门以上学科的交叉。

任何学科发展到一定程度后都会出现难以逾越的知识屏障，越是成熟的学科这种屏障表现越明显，这时发展成熟的学科会向发展程度低一级的学科渗透。究其原因，从经济学角度来看，资源（人、财、物）向发展程度低的学科渗透与越界，会带来知识的边际产出递增的效果，换言之，原有资源在知识梯度低的领域更容易出成果，从而带来大面积的知识渗透与跨界现象，这就是学科交叉现象产生的内在动力机制。当知识梯度低的学科由于成熟学科的跨界迎来迅速的发展，从而迎来全域知识梯度的整体提升，这种局面又会反过来促进原先优势学科的发展，帮助其克服原有的屏障，这种正反馈经过无数次循环，科技在宏观上就呈现出进步的状态。科学史上这类案例甚多，如奥地利物理学家埃尔温·薛定谔（1887—

1961），在 1926 年就提出了量子的波动力学理论，并于 1933 年获得诺贝尔物理学奖。从学科势能来看，物理学是当时知识势能最高的学科，再取得重大突破难度很大，而这个时候生物学相对于物理学来说是势能很低的学科，因此，他的研究兴趣转向生命科学，并于 1943 年发表《生命是什么》一书，直接用物理学的视角揭示生命现象，这是典型的学科跨界——从高势能学科向低势能学科的跨界，从而导致一批物理学家转行投身到生命科学领域，这也为后来的分子生物学的诞生开辟了道路。

因此，学科交叉是科学发展到一定程度后的必然趋势，通过制度安排加快这个进程是合理的，但是要实现学科交叉的目的，需要处理好以下三个问题。首先，明确哪些学科具有进行交叉的基础？这里有两种情况需要警惕，其一，某一学科已经高度专业化并且发展得比较成熟，与相邻学科存在明显的知识势能差，这类学科可以通过制度化方式对交叉学科进行认定；其二，警惕拔苗助长现象，如果两个学科的成熟度不高，专业化程度也不是很高，两者之间的知识势能差趋同，那么这两个学科之间即便有交叉现象，也会大概率处于初级阶段，这类学科交叉不易于通过制度安排来处理，只有通过自然演化模式实现学科交叉的目的。其次，这些新设立的交叉学科范式该如何确立？这里需要警惕出现伪学科交叉现象，即强迫接受一门在认识论上具有优势学科的范式作为交叉学科的范式，这就是典型的伪学科交叉。其三，为了保证交叉学科人才培养与知识产出的正常发展，应该设立何种学科边界与评价标准？通常来说，学科边界更多地是由方法、理论与概念框架来决定的，因此，一门新学科的确立，需要有明确的问题域、方法、概念与技术，这些构成学科骨架的东西绝非两门学科的简单加总，而是在发展中的有机整合，否则它如何与原有学科进行区分？这一切都需要在科学实践中慢慢整合，在此基础上，再建设具有针对性的人才培养体系与评价体系。只有这样，学科交叉才能真正地成为知识生产的新增长点，并释放出制度安排所具有的激励作用。

总之，在整个国家的发展更多依赖科技创新路径的当下，增加知识的产出就成为国家战略目标顺利实现的首要任务。如果研判准确，通过制度安排加速学科交叉的进程就是一种最积极的有效尝试,这也是我们在全球化时代提升科技竞争力与突破"卡脖子"技术约束,开启"换道赛跑"的重要举措。

(原文发表于《学习时报》2021年1月27日第6版;

作者:李侠)

诺贝尔奖是对坚持长期主义的回报

2023年10月4日，随着诺贝尔化学奖的公布，今年诺贝尔奖的三大自然科学奖全部揭晓，共有8名科学家获奖。其中，美国科学家有5人，物理学奖、化学奖以及生理学或医学奖都有美国科学家的身影，美国仍是当今世界诺贝尔奖获得者的主要来源地。在祝贺这些科学家获得诺贝尔奖的同时，有必要深入追问一下，诺贝尔奖成果的产生需要什么样的理念与环境？我们到底缺啥？

今年获诺贝尔奖的成果有一个共同点，即几乎都是20世纪80年代在基础研究领域萌芽的，经过多年发展终于成熟并被学术界承认。笔者曾与友人戏言，40年的种子终于开花了，这是基础研究的胜利，更是长期主义的回报。

获奖者中颇具戏剧性的人物当数诺贝尔生理学或医学奖获得者卡塔琳·考里科。自1982年博士毕业以来，她一直专注于研究信使核糖核酸（mRNA），甚至为此遭受被学校解聘、降薪以及无法晋升职称等挫折。2020年全球新冠疫情大流行，基于其理论开发的新冠疫苗横空出世，极大缓解了疫情对于全球造成的危害，由此，她的高光时刻终于在40年的寂寥后姗姗来迟。笔者查阅相关资料发现，2020年以来她获得了无数荣誉，如今更是科学界舞台中央最耀眼的明星。从这个意义上说，她是幸运的，因为世界上还有很多做出了伟大成果但到死都没有被承认的人。

在笔者看来，科学家个人要获得诺贝尔奖需要具备3个条件：首先，成果要绝对过硬；其次，要有人推荐或者机缘绝佳；最后，寿命要足够长。其中，最重要的是做出具有原创性的成果。

那么，产生诺贝尔奖级的成果需要什么样的环境条件呢？笔者认为同样需要 3 个条件：首先是耐心；其次是宽容；最后是资助。这 3 个条件中，前两个是科研生态环境的基础性表征，后者则是真金白银的投入。相对而言，耐心与宽容氛围的建设比资金投入要艰难得多，毕竟资金通过政策安排可在短期内有很大改观，但耐心与宽容的科研氛围的形成则需要非常漫长和苛刻的条件。中国古人所谓"仓廪实而知礼节，衣食足而知荣辱"，由此可见，耐心与宽容是非常高级的文化格调。

既然基础研究如此重要，那么我们该如何发展基础研究呢？

由于我们国家基础研究投入长期不足，导致基础研究领域的知识产出总量严重不足。笔者曾用官方数据分析过，中国基础研究投入与国内生产总值（GDP）增长呈现明显的弱正相关性，而发达国家这一数据是明显的强负相关。众所周知，基础研究成果离市场化应用还很遥远，无法带来直接收益，这部分投入只会造成经济的挤出效应。弱正相关性只能说明我国的基础研究成果供给太少，任何知识都能带来正向收益。

笔者曾分析过中美两国 2000 年至 2020 年 21 年间研究与试验发展（R&D）的投入结构。美国基础研究投入平均占 R&D 投入的 17.2%，而中国这一数据仅为 5.2%。美国在基础研究上的投入强度是中国的 3 倍多，美国 R&D 投入约是中国的 1 倍，而中国全时当量科研人员数量约是美国的 1.5 倍，由此可以清晰地知道，中国的基础研究境况很严峻——人多钱少；加之现有的科研生态环境不利于基础研究的发展，导致中国基础研究羸弱。

当下，中国在政策层面推进基础研究遇到的最大思想阻力，就是技术与科学哪个更能推动中国经济发展。从科技史的视角来看，技术在短期内可以推动经济发展，从长期来看，科学更能推进经济发展，这种模式在第一次工业革命与第二次工业革命中都有很好的体现，前者依托技术，后者依托科学。而 20 世纪中期以来兴起的第三次技术革命以及当下正在发生的第四次工业革命则完全是采用一种新模式——科技一体化，科学甚至显得更重要一些，近年来那些撬动社会变革的新技术都是源于基础研究的成果。即便按照传统模式来决策，短期内技术更能推动经济发展，理应技术优先，但这种模式在中国也是低效甚至是无效的。笔者曾撰文指出，由于基础研究的孱弱，中国的应用研究（过渡型技术）基本上处于无效的空转状态，值得应用转化的上游知识供给严重不足，导致大多数应用研究处于低水平重复状态。

笔者曾用工业生产流程来解释这个现象——基础知识相当于生产过程中的原材料，技术相当于原材料的加工方，当原材料供给有限而高度同质化的加工方越来越多时，工业产品会质次价高，更为严重的是造成加工方的恶性竞争以及内卷；相反，如果原材料供应丰富，就可以极大拓宽技术范围，并减少无效内卷状态，而且在这种情况下更容易实现重大技术突破。从这个意义上说，只有知识更新加快，技术迭代才会随之出现，否则缺少前端的变革，技术迭代就是一个虚幻的概念。

诺贝尔奖是一面每年照一回的科学"透镜"，让我们看到自身的不足与短板。这面"透镜"照多了，一些共性问题自然就会呈现出来。

今年这面透镜让我们再次锚定了3件事：首先，政策层面对于基础研究要坚持长期主义，加大投入力度，不能游移不定；其次，继续推进破"四唯""五唯"，建立科研的多元评价体系，营造一个适合基础研究的生态环境；最后，塑造科学建制的耐心与宽容精神。在功利主义时代，体制的耐心与宽容才是最重要的，否则一味要求个体保持耐心与宽容，既是不公平的，也是无效的。知识丰腴之处，创新才取之不竭，反之，创新就会沦为无源之水、无本之木。

（原文发表于《中国科学报》2023年10月9日第1版；

作者：李侠）

科技伦理是底线还是"天花板"？

自 2022 年中共中央办公厅、国务院办公厅印发《关于加强科技伦理治理的意见》以来，科技伦理研究呈井喷式发展，相关文章和学术会议呈现出一派繁荣景象。其中需要我们考虑的一个根本性问题是，在追求科技向善的过程中，科技伦理到底是底线还是"天花板"。

客观地说，科技伦理对于科技负面效应的约束力是有限的。换言之，科技伦理不是保证科技始终向善的唯一"灵丹妙药"，毕竟伦理不具有强制性。笔者曾撰文指出，科技伦理治理的最终目标是使科技风险最小化，而不是风险清零。因此，加强科技伦理要有限度，否则会事与愿违。无限降低潜在风险看上去很美，但很可能导致治理成本快速增长甚至出现极度不经济现象，阻碍科技的正常发展。就如同考试得 80 分比较容易，但考 95 分甚至 100 分就非常难，一味追求高分会扼杀学生的学习兴趣。基于这种常识，在科技伦理的具体治理过程中，我们应采取什么样的行动理念呢？

在伦理学上有一个非常有名的命题——捍卫伦理底线，即全社会要努力捍卫一些基本规则与规范，防止人类行为下滑到某种不可接受的水平，从而维持最起码的道德、秩序与文明。伦理教育的首要任务不是提升道德标准，而是捍卫道德底线不被各种力量所击穿，避免出现大范围社会失范现象，让全社会的行为可以预期。

科技领域是当今社会活动中最活跃的领域，新事物和新现象层出不穷，人类应对这些新事物或新现象并没有现成经验，而其中蕴含的不确定性后果并不能在短期内全部显现。对此，人类只能在没有较多经验积累的基础上，吸取历史教训，设置出一些最基础的规则与规范，冲抵科技可能带来的不良后果，而这些基础性的新规则与规范就是科技界要捍卫的科技伦理底线。

伦理原则或规范是为人类行动划定边界的，由此人们会想当然地认为，为了让科技更好地服务人类，真正实现科技向善的目的，伦理标准越高越好，甚至可以把标准的"天花板"作为最高目标。追求伦理"天花板"听起来固然很棒，但并不具备现实可操作性。首先，什么样的伦理标准可以称作"天花板"级的标准？其次，很多前沿科技完全是探索未知领域，其后果根本无法预料，再加上新领域的展开方式很多时候是被遮蔽的，没有现成经验可以借鉴，比如脑机接口技术、ChatGPT等引发的很多问题是我们从未遇见过的，即便我们想设置"天花板"级别的伦理标准，也很难做到。

从人类发展史看，最高的伦理标准就一定最有效吗？至今鲜有成功事例。历史的吊诡之处恰恰在于那些看似底线级别的伦理标准却发挥了最大的作用，比如西方的"摩西十诫"、儒家的"己所不欲，勿施于人"等深入人心并成为群体行为的实际指南。反之，越是高级与抽象的规范，在实践中起的作用就越小。

伦理标准的设置，还会受到很多非学术因素的影响。仅仅从思辨角度考虑，过高的伦理标准显然会遏制新技术的发展，再加上当今国际形势复杂，单方面追求伦理"天花板"很可能阻碍一个国家的科技发展进程，这个代价我们承受得起吗？

因此，在新生事物的起始阶段采取底线伦理与野蛮生长的组合是一个现实的选择。如果科技伦理的最终目标是追求剩余风险最小化，那么，我们应该追求的是伦理底线而不是伦理"天花板"。这更接近科技发展的实际，而且能获得多数人的支持。底线伦理的优点在于它以明确的规则或规范禁止科技人员产生作恶动机，并给予科技人员更多自由。重要的是，底线介入对科技活动的影响最小，有利于科研生态环境的建设。

公众可能会担忧，提倡科技伦理底线是否会让科技发展出现失控风险，从而威胁到人类的长期福祉。笔者认为，这里存在两个误区：其一，伦理底线不是很低的标准，也并非永恒不变，它会随着整个社会认知水平的提升而逐渐上移，即向伦理"天花板"方向靠拢，这正是人类文明逐渐进步的体现。随着科技活动的展开以及相关经验的增多，伦理原则或规范也会进化，并且会越来越精准，从而真正促成科技向善。反之，在缺乏基础的情况下盲目追求伦理"天花板"，不但违背实际，还会导致欲速则不达的尴尬局面。其二，在伦理底线与法律底线之间的确存在一个灰色空间，会导致某些科技成果出现意料之外的问题，但这些问题一旦触碰到法律底线，还会受到法律的硬约束，该风险是人类为了科技进步所必须付出的代价。毕竟，伦理只是一种硬约束，只能让剩余风险最小化而不是清零。

回到现实生活，我们要明确，科技伦理治理的目标要定位在捍卫伦理底线而不是追求"天花板"。学术界方兴未艾的研究与社会公众的热议恰恰是维系与提升科技伦理底线的有力支撑。

（原文发表于《中国科学报》2023年12月18日第1版；

作者：李侠）

建设高水平科技自立自强刻不容缓

近两年,"科技自立自强"日益成为备受关注的热词。习近平同志在两院院士大会、中国科协第十次全国代表大会上明确提出,坚持把科技自立自强作为国家发展的战略支撑。这可以看作关于中国科技在未来很长一段时间内发展路线的总体研判。如何正确理解科技自立自强,事关国家战略能否实现以及操作层面的应对策略如何选择,对此,有两个问题亟须厘清:其一,为什么要提出科技自立自强;其二,中国实现科技自立自强的社会基础条件与存在的短板是什么。

为什么要实现科技自立自强

科技自立自强是一个国家科技安全的必要保证。尤其是像中国这样的大国,在国际环境波谲云诡的当下,科技如果不自立,将时刻受制于人;如果不自强,就没有了合作与发展的基础。一个进化的系统必须是开放的,科技自立自强绝不是要制造封闭的系统,而是一种战略应对,即便被孤立,也要充分利用与制造一切机会加强国际、国内科技合作,这恰恰是实现科技自立自强的有益补充。

纵观世界,近10年来全球范围内保守主义与民族主义情绪日益高涨,逐渐成为一股汹涌的地下思想暗流,当它积蓄的力量足够强大的时候,只需一根导火索就可以完成由隐性向显性的转变。在宏观层面,全球化浪潮由过去的宽口径开始向窄口径演变。对于中国而言,直到2018年中兴通讯股份有限公司受到美国制裁,以及接踵而来的贸易摩擦升级、制裁范围由点到面扩大,这种趋势才开始引起国人的普遍注意,去全球化、逆全球化等说法也一度广为传布。暂且不论这些界定是否失之偏颇，不可否认的是全球化仍是大势，只不过其核心范式已经开始从经济利益范式向价值观范式转变。我们正在进入"全球化2.0"时代，与信奉经济双赢理念的"全球化1.0"完全不同，"全球化2.0"的实质就是基于价值观分类形成的窄口径利益共同体。如果这个判断正确的话，由于价值观的差异，未来西方主导的高端产业链与生态链都可能拒绝我们的参与，以此实现遏制中国发展的目的。如果不能采取有效的应对措施，其后果令人担忧，尤其是一旦科技领域被排除在全球化之外，创新驱动发展战略将出现引擎熄火的危机，这是中国提出科技自立自强的深层原因所在。

纵观人类社会发展史，科技自立自强通常有三种层级：低水平的自立、中等水平的自立自强与高水平的自立自强。在公元1600年以前，世界各国的科技水平都比较低，整个社会的科技供给处于低水平的自立状态；工业革命以来，随着人类科技能力的提升，一些国家开始实现局部的中等水平的自立自强，前三次工业革命的策源国基本上都是如此，并在此基础上建立了相应的产业链与供应链；到了全球化时代，只有科技实力与创新能力雄厚的国家才能建设完备的产业链与供应链，依托自身的科技力量参与甚至主导全球贸易。客观地说，西方国家在科技发展之路上并没有被其他国家有意孤立过，它们的自立自强是由国家间的技术梯度差造成的。从这个意义上说，中国的科技发展之路却经历了真正的自立问题，如新中国成立初期因被西方国家封锁而提出的科技领域的自力更生，以及当下我们再次遭遇的必须独立发展科技的新境况。

在全球科技竞争日趋激烈的当下，如果没有高水平的具有独立性的科技力量，任何国家的产业链与供应链都将时刻处于不确定状态，在意识形态差异短期内无法消除的背景下，只有建设高水平的科技自立自强，我们才能避免被"卡脖子"。高水平的自立自强也是捍卫全球化的重要利器，它会令其他国家不敢轻易与我国经济脱钩。因此，建设高水平的科技自立自强不是一时之需，而是影响国运兴衰的关键举措，其紧迫性已经刻不容缓。

支撑科技自立自强的社会基础条件

科技自立自强是一条要求很高的科技发展路径。为此，我们需要检视自身是否具备了实现科技自立自强的基础支撑条件。根据我们的研究，基础支撑条件包括制度、经济、人才、文化与舆论五项，前三项是硬性基础支撑条件，后两项是软性基础支撑条件。要实现科技自立自强，需要满足的最低条件是"3+1"模式，即前三项条件必须具备，后两项中必须具备一项。为此，我们需要对现有条件进行逐项分析，找出短板。

（1）制度基础支撑条件。我们引以为傲的制度优势主要体现为举国体制，依靠这种模式我们已取得了"两弹一星"等伟大成就，但这种模式的问题也是非常明显的。在一定时期，资源总量是有限的，由于挤出效应，被选中的领域会得到发展，其他领域则会被边缘化，目标一旦选错，既浪费资源，又贻误发展契机。目前我国已提出探索建立新型举国体制，其目的在于避免旧举国体制的缺陷，在尽量保证学科发展均衡的前提下，重点攻克选中的科技难题。

从制度层面来说，在科技自立自强战略实施中还存在由于顶层设计与底层运行不兼容，导致战略目标迟迟无法落地的问题。这种情况主要是由于顶层理念变革了，而底层实际运行规则没有及时更新，导致战略与实践脱节。因此，建设科技自立自强仅有战略层面的设想是远远不够的，还需要制定具体的底层规则，否则制度的支撑作用就无法释放。制定底层规则时，只有尊重市场主体，制度成本才能降低，这点对于完善中国科技体制来说至关重要。

（2）经济基础支撑条件。改革开放以来，我们已经打下了良好的经济基础，这是我国推进科技自立自强的有利条件。据国家统计局数据，2019年研究与试验发展经费占国内生产总值的2.23%，其中基础研究投入首次突破6%（约1335亿元），但与世界主要发达国家平均15%的资助强度相比还有很大的差距。加之我国科研人员的数量远超其他各国，可见人均科研经费是比较低的。基础研究投入不足将直接制约重大基础研究成果的产出,相信"十四五"期间科技投入仍有增量空间,但要想改变现状,只能从改变投入结构入手。

(3)人才基础支撑条件。据国家统计局数据,2019年我国研发人员全时当量达到480万人年,居世界第一。另外,我国的人才储备非常丰富,仅以2019年数据为例,当年共毕业研究生64万人(其中博士约6.3万人),普通本专科生约760万人。在没有大的变动的情况下,这个人才规模会一直维持下去,这是中国建设科技自立自强的最大优势所在。但是,我国人才结构仍不完善,面临的最大障碍是高端人才比较缺乏。另外,必须打破人才培养的单一化,改变高度同质化的"千人一面"的人才培养模式,这是促进人才活力释放的有效途径。

(4)文化基础支撑条件。客观地说,以儒家文化为代表的中国传统文化缺乏创新的土壤,为了支撑科技自立自强目标的实现,我们应当在文化方面做出改变。不妨看看世界历史上五次科学中心转移背后的文化变革情况:第一次科学中心为16世纪的意大利,前期经历文艺复兴;第二次科学中心为17世纪的英国,前期经历宗教改革;第三次科学中心为18世纪的法国,前期经历启蒙运动;第四次科学中心为19世纪的德国,大学改革为其重要前提;第五次科学中心为20世纪的美国,实用主义是当时主流思潮。由此可以看到,每一次科学中心出现之前该国都有过较长时期的文化建设,德国社会学家马克斯·韦伯正是基于这种理解,写出了《新教伦理与资本主义精神》,而美国科学社会学家罗伯特·金·默顿更是证明英国17世纪的清教文化与当时科技的腾飞密切相关。因此,中国要实现科技自立自强,需要用科学文化改造中国传统儒家文化,毕竟实用主义的文化旨趣构成了两者的最大公约数,这也是用科学文化改造传统文化的可行性的内在基础。如果不加紧文化建设,科技自立自强将无法得到适合的生长环境。这方面的教训很多,正如美国科技史家玛格丽特·雅各布所言:到18世纪40年代,当牛顿力学占据了英格兰、苏格兰的教育体系和荷兰的大部分大学时,法国的学院还在继续教授笛卡儿。结果,18世纪50年代以前受教育的一代法国人都错过了实用的牛顿力学和牛顿哲学体系,所以第一次工业革命只能发生在 18 世纪 80 年代的英国,而不可能是当时的法国,原因就在于法国缺乏先进的科学文化。

(5)舆论基础支撑条件。由于限制过多以及管理模式落后,这块短板已经影响到中国科技的健康发展,为了实现科技自立自强,舆论环境必须得到改善。

科技自立自强之路上的短板

推进科技自立自强过程中,我们面临的短板主要有两个,首先是认知短板,其次是知识短板。

所谓认知短板主要是指:对于科技自立自强的战略安排,人们往往低估其当下意义,而高估其未来影响,我们称这种现象为"反阿玛拉定律"。所谓"阿玛拉定律"是指对新技术做出研判时,人们倾向于高估技术的短期影响,却低估其长期影响。"阿玛拉定律"的实质在于,人类习惯于线性的思考模式,这是人类固有的认知局限。然而对于新的政策而言,其后果充分展现需要漫长的时间,而且在新旧政策交替之际,老政策模式仍在运行,而新政策的内涵尚未完全展现,人们还意识不到其可能的后果,此时我们便倾向于短期内低估政策影响,长期来看又高估政策影响。这种认知倾向正好与"阿玛拉定律"相反,表明人类常对当下事态的严重性估计不足,而对其遥远的未来却报以无限的热情,这会导致在政策制定中出现认知误判。

导致出现知识短板的原因有两个:其一,系统生产当代科技知识的时间较短,积累的知识总量与库存不足;其二,容易陷入由知识错觉带来的知识提取困境。美国心理学家史蒂文·斯洛曼指出:我们的智慧是集体式的而不是个体式的。当这种智慧发生作用时,个体不仅依赖各自脑中的知识储备,还需要那些存在于我们周围环境,尤其是他人头脑中的知识储备。当下我们在很多领域正与世界合作,充分利用彼此的智慧,创造了很多奇迹,但那些看似熟悉的知识却是储存在别人头脑中的,就如同我们并非不了解半导体芯片的制作与生产工艺流程,但是一旦自己去做,难度却远超想象，这就是知识错觉带来的知识提取困境。个体层面的知识错觉上升到宏观层面就是群体的知识幻觉，容易导致对自身的错误判断。

高水平科技自立自强的衡量标准主要体现在以下三个方面：首先，战略科技力量是高水平的（主要表现为高水平的国家实验室、国家科研机构、研究型大学、科技领军企业等）；其次，科技体制机制是高水平的（如合理的人才评价机制、友好的科研环境、较低的制度成本等）；最后，科技产出是高水平的（如重大基础研究成果、关键核心技术等）。

科技自立自强该如何破题呢？我认为应当从头部科技力量做起，从而形成以点带面的示范效果。所谓头部科技力量，即当下热议的战略科技力量，它的使命就是努力完成国家与社会面临的重大紧迫科技问题，在前沿知识生产、重要技术攻关与高端人才培养方面按照分工原则做出贡献。如同体育比赛中需要按体重分级一样，科技力量也要分层发展，否则就会出现头部科技力量越界争夺中下层的资源，从而导致事关国计民生的重要领域无人问津的局面。在头部科技力量之间形成与其水平相匹配的产学研一体化，是加快科技发展的重要举措。

（原文发表于《群言》2021年第8期；

作者：李侠）

后记：很多坚持最终都产生了意义

过了知天命之年，总会在某个不经意间想起年轻时曾困惑自己的一些看似简单，实则没有答案的问题，比如坚持。时至今日，我都认为坚持是一种好品格。之所以这么说，是因为大凡你认为需要坚持的事情都是超越本能的，因而，也是需要花费无数精力去打理的，否则，断无可持续之说。由于精力的稀缺性，你投入这里就不能再投向他处，因此选择精力的投放之地就是年轻时最大的冒险活动之一。如果我们把坚持的对象称作人生的标的物，那么年轻时的妙处就在于，你可以选择的标的物是丰富多彩的，那是青年人的特权，以理想之名，即便选错了，也会得到原谅。但是中年以后，你已经没有多少可以选择的筹码了。

我相信成长的过程就是一次次试错的过程，然后从众多的标的物中找到你认为最适合自己，也是最喜欢的事物，然后你的精力就有了一个更为明确的投放之地，随之而来的主动或者被动的坚持会逐渐有回报呈现。人生前半段就是一次次以短期的精力投入来发现自己的真实偏好的过程，这个环节很重要。

如果你坚持的标的物不是自己试错出来的，而是别人替你选择的，那么，这一辈子你总会在内心深处产生无数的纠结，因为你不知道是否还有更好的选择。那种可能性会折磨你一辈子。毕竟，随着时间的推移，你选择的机会成本会越来越高。最幸运的人是那些很早就知道自己喜欢什么的人，居中的是那些不知道自己喜欢什么，但愿意接受别人安排的人。最不幸的人就是那些既不知道自己喜欢什么，也不接受别人安排的人。还好，我是那种跌跌撞撞终于找到自己喜欢的标的物的人，虽然有些晚，但毕竟是自己找到的，尽管没有取得啥像样的成绩，但也没有太多的遗憾。回想年少之时，在匮乏与颠沛流离中无意间喜欢上读书，实在是人生之幸事，那些与书有关的日子多少为蹉跎岁月留下了一点亮色。就是今天，我也会唠叨着让孩子们或者学生们读点书，甚至规定了每天要读多少页的指标。南宋文天祥有诗云"辛苦遭逢起一经"，这实在是道说出了读书的秘密，诚哉斯言。

那么坚持的动力是什么呢？无非两种，来自内在的热爱与来自外部的压力。人生在世，没有那么多绝对的事情，我看书的动力既有来自兴趣的内部愉悦，也有为生计驱使的外部压力，这种动力组合还算不坏。最糟糕的就是完全靠外部压力来维系的坚持，这种坚持是无法长久的。在年老之时，那些曾经的热爱终将会消退，你不用再去考虑外部的压力，此时的坚持早已蜕化成一种隐藏的习惯。有人说21天就可以养成一个习惯，对于一种长久行为而言，这点时间是远远不够的，因为时间过短，大脑内的神经回路还没有完全建立起来，还无法形成一种自动启动的功能，这就是诺贝尔经济学奖获得者卡尼曼所谓的快系统，当习惯成为一种由潜意识驱动的事情时，它的运算速度最快，也是自动的，成为潜意识的前提条件就是无数次有意识的坚持所形成的神经回路已然畅通，然后回路就会自动激活。

记得前阵子做全麻手术，在术后的麻药恢复期间竟然处于巨大的茫然状态：不知道自己该干什么，也不知道人生还有什么意义。突然内心很慌也很迷茫，无意间看到桌子上的笔和书，习惯性地看起书来，突然感觉大脑被激活了，又有事可做了，内心也不再那么焦灼了，慢慢地静下来，内心突然感到很舒服。原来习惯不仅可以让生命在无序中重新获得秩序，还会衍生出一些意义，而那些弥足珍贵的意义就是多年坚持所形成的习惯的馈赠与利息。由此可以得出一个有趣的结论：坚持塑造习惯，习惯生成意义。人生是需要意义的，它是对坚持的遥远回报，否则坚持对于人生而言就毫无价值可言了。

到了这把年岁，已经不愿意再去尝试选择，连同那些曾经让人热血沸腾的宏大叙事，所谓知天命，无非是在了解到限度以后对坚持的一种自嘲而已。记得法国哲学家福柯曾说：不应该幻想不可能实现的解放，我们至多可以跨越一些历史设置的、约束我们生存的边界。在某种习惯的导引下，我们会让一些琐碎的、微小的事物重新获得意义，这些对于现在的我来说，已经是多年坚持的丰厚回报。诗人歌德曾说过一句名言：拥有科学和艺术的人也拥有宗教，但是对于那些两者都不拥有的人，那就让他拥有宗教吧！歌德两百多年前就意识到我们今天面临的意义困境。人生艰难，面对痛苦和不幸，坚持科学可以起到转移注意力的作用，多少能分担一些痛苦；而坚持热爱艺术则可以实现替代性满足，也可以化解一些痛苦。但是毕竟不是所有人都有此种由坚持而获得的习惯。所以说，有坚持的人生是美好的。

　　此书的出版，还要感谢科学出版社的邹聪编辑，她是非常优秀的编辑，有自己独到的编辑眼光，我的上一本书就是由她编辑出版的，那本书的品相我很满意，所以这次我还是请她来负责此书的编辑工作，就让此书成为我们友谊的见证。最后，还要感谢我的家人在这些年对我的支持和理解，你们的唠叨，总会把我从幻想中拉回并再次触摸那些疲惫与烦琐的日子，我知道自己是个很固执的人，也许固执也算一种坚持吧！天地茫茫，总归要确定一个方向，至于最初的原因，在岁月的覆盖下早已斑驳难辨。天色微亮，道路尚远，鸟儿已经开始歌唱，此刻，那些怀念的、想念的都在心里翻腾着、拥挤着，就用这些闲话权当此书的后记吧。

2021 年 9 月 8 日凌晨于上海